解鎖創業成功

財富創造
密碼

蘇鋒利 著

深入剖析創業心法，學會如何掛上並經營自己的「招牌」

從零開始創業，實現財富自由

為夢想找到最合適的載體，走出同質化，在競爭中脫穎而出
探索不同的營利模式，開拓多重管道
設立清晰的目標，賺進人生第一桶金

目 錄

前言

第一章　只有創業才能創造財富

- 012　創業 vs 領薪水
- 018　掌握財富分配的規律：四種賺錢方法
- 024　要有第三種人的賺錢思維
- 029　改變已有的上班族思維
- 034　設立創業和財富目標

第二章　解密創造財富的步驟和方法

- 042　創造財富的四個步驟
- 049　創造財富的五大障礙
- 061　四種創造財富的方法

第三章　創造財富的第一步：
　　　　個人定位與財富夢想

- 066　夢想成真的法則
- 074　夢想成真的途徑
- 081　自我定位：掛上自己的「招牌」
- 089　經營自己的「招牌」

第四章　創造財富的第二步：
　　　　財富載體與專注一事

- 122　為夢想找到最合適的載體
- 125　一生只做一件事情
- 131　勇敢成為第一
- 135　走差異化創新之路

第五章　創造財富的第三步：
　　　　財富管控與持續創造

- 148　解密一桶金理論
- 152　改變對金錢的態度
- 156　財富可能會流失
- 160　如何持續創造財富

第六章　創造財富的第四步：
　　　　增加管道與系統

- 166　用系統幫助創造財富
- 174　如何建立團隊
- 190　適合你的營利模式（上）
- 207　適合你的營利模式（下）

後記

目錄

前言

　　我們每個人都必須面對巨大的生存挑戰。我們如何生存，如何過得更好，無疑只有創造更多價值和財富。

　　說到創造財富，說到賺錢，有的人說現在是靠知識賺錢，但我看到太多的人擁有大量的知識，卻剛剛解決溫飽。我有個朋友，可謂學習非常優秀，經濟學博士，現在每月收入不到 40,000 元。有的人說賺錢靠人際關係，但我看太多的人整天培養交際，經常喝酒導致胃出血、肝硬化，也沒賺到什麼錢。有的人說靠努力賺錢，但我看到絕大多數的農民最努力，但收入卻最低。

　　這一切為什麼呢？因為你學的知識不能產生經濟效益，你學的是可供研究的知識，不是可供使用的知識，所以沒用；你培養人際關係，但你交的人都跟你一樣是社會底層，所以你沒有成為社會名流；你每天農作，但不顛覆農作模式，不採用莊園運作，不靠團隊作戰，種一輩子也沒有出息。這些其實都關乎於我們的定位、我們的選擇，所以選擇大於努力。我自己成長的例子就能充分說明這點。

　　我小時候膽小、害羞、不愛講話，但是現在我成了專業

前言

經理人、講師。為什麼？因為我選擇了鯉魚躍龍門，上了大學。後來我選擇了離開工作 5 年的國營企業，到外縣市當了 500 強公司的人力資源經理，之所以能當上人力資源經理，是因為從進入國營企業起，我就一直堅持每天學習 3 小時，學習所有人力資源專家的課程，這一學就是 6 年。後來我去了業內當時最大的電子商務公司和電器公司，幫他們中高層主管授課，我一躍成為一名很受歡迎的授課講師。我現在站在講臺上，不用看講稿，可以講三天三夜的精彩課程。許多人不知道我其實就是一個來自農村、小時候不愛講話的孩子，今天卻可以在公眾面前演講。所以人生不在於你的出身，而在於你想成為什麼樣的人。選擇大於努力，要幫自己定位，才能全力以赴，創造屬於自己的人生價值。

很多年來，我一直在思考為什麼有的人能創造巨大的財富，而有的人只能在貧窮線上掙扎。慢慢地，我得出了很多關於創造財富的心得，並陸續發表了一些小文章。這些創造財富的心得，集中在一點，就是創造財富需要有系統思考，只有提前規劃好自己的創造財富路徑，才能激發自己的智慧，集中自己的資源，實現創造財富的目標。「系統創造財富」的概念雖然不是我提出來的，但卻是商界推崇的理念，如果普通人也能掌握這個理念，並運用到自己的創造財富實踐中，一定能幫助自己盡快實現創造財富的目標。

經過系統性的整理，我將多年的研究寫成此書，希望志在創造財富的朋友可以從中獲得幫助，如果能給大家些許啟發，我會非常欣慰。

蘇鋒利

前言

第一章
只有創業
才能創造財富

第一章　只有創業才能創造財富

創業 vs 領薪水

親愛的朋友，為什麼有些人跟別人一樣的辛苦、一樣的努力，收入會大不相同？這是因為他們的選擇和定位不同。人生短暫，我們該如何選擇，如何定位？是領薪水，還是當老闆？是影響別人，還是被別人影響？是實現自己的夢想，還是幫別人實現目標。這個問題，是生涯規劃的終極問題。它會困擾很多人幾年、十幾年，甚至一生。

為什麼很多人很聰明，但是過了 30 歲仍碌碌無為？這是因為，他們沒有用自己的聰明做一個職業生涯規劃。老師、父母、朋友，他們可能會說：醫生不錯，律師也很有前途，會計師也很吃香等等。但他們不知道，他們所說的只不過是「產業」規劃而已。因為，在市場經濟裡，只有「二元結構」──兩種「職業」：做上班族和當老闆。

溫州商人最喜歡掛在嘴邊的話就是：「寧願睡地板，也要做老闆」或者「寧願做生意一個月只賺 1,000 元，也不願打工一個月賺 3,000 元」。這種理念是很先進的，正是這樣的理念使得溫州人與眾不同，成為最富有的人群。

創業 vs 領薪水

「思路決定出路！」這句話很多人聽說過，但是轉眼即忘，寧願去當別人員工。很多綜合素養很高的大學生，要麼拿著一個月兩三萬元的薪資，要麼去考研究所，研究所畢業還得焦頭爛額地找工作。如果你認準了自己要創業做生意，堅持做下來比那些考上碩士、博士的人都有出息。

我感到現實中年輕人的職業選擇大多是求穩定。可能很多朋友會說，剛出校門的學生，哪裡有資本和經驗去創業呀？最好的選擇就是去公司工作幾年，累積經驗和資金，然後幾年後有機會的話再自己創業。其實這樣的想法最終證明是錯誤的。一個大學生在工作幾年後，不但賺不到創業所需要的錢，更無法學到創業的經驗與技能。工作生涯學到的東西對創業基本上是沒有用的，因為兩者的角度不同，思考方式不同，得到的經驗體會也不同，只能這麼說，工作幾年後你唯一獲得提高的是工作的技術技能，而創業最不需要的就是技術技能了。更可怕的是，工作幾年後，年輕人普遍會喪失創業的熱情，喪失初生之犢不畏虎的勇氣，越來越沉溺於公司之中難以自拔，後來創業的念頭只能永遠地留在心底，成為永久的遺憾。等到40多歲被老闆辭退的時候，才後悔20年前為什麼自己不出來創業呀！

領薪水的人生與創業人生一定是不一樣的。時間久了，

第一章　只有創業才能創造財富

上班族的性格與創業者的性格會有越來越大的差別。我們捫心自問，工作時間長的朋友是不是覺得更加患得患失，害怕外面陌生的世界，害怕失業的危險，心靈變得越來越敏感和脆弱。心態不僅逐漸地疲憊和懶惰，整個人也沒有了銳氣和精神，只好安慰自己知足常樂，淡泊名利。但是生活變得越來越平庸，家庭的經濟負擔越來越沉重，房子和孩子教育日漸成為自己脖子上的經濟繩索，勒得越來越緊，喘不過氣來，只好調整自己的心態，讓自己逐漸適應城市小螺絲釘的定位：自己本來就是庸人，庸人何必自擾之，發財是人家的事情，我沒那個命。最恐懼的第一件事情莫過於聽到公司效益不好，要裁員的消息；最要緊的事情是和主管打好關係，堅持學習恭維逢迎拍馬屁。思想麻木了，只好隨波逐流，畢竟飯碗在主管或老闆的手心裡，他們想讓你滾蛋，你就得滾蛋。

最恐懼的第二件事情，是看到自己年齡日漸增長，可是自己的工作技能卻沒有得到任何提高，雖然靠著資歷久薪資也越來越多，可是那些新進來的年輕大學生，生龍活虎地工作，卻只要那麼一點的薪資，就感覺不中用了，地位難保了。工作生涯的結果是越老越貶值，尤其到了 40 到 50 歲的年齡層，簡直是事業最悲慘的階段，時刻瀕臨深淵，動輒失業。有人說過去 10 年是藍領工人失業的高峰期，未來 10 到

20 年將是白領工人失業的高峰期。你曾經以為自己讀個大學就是菁英了？社會不斷進步，你的知識結構、體力、職業理念早就不如剛畢業的大學生了。老闆是現實的，一定率先在遇到危機時裁掉那些 40 到 50 歲年齡層的白領階層。所以說你現在有個穩定的工作，你覺得安全，其實等於在你身邊裝了顆定時炸彈，等到 10 多年後，它會爆炸，你那時失業的痛苦與代價恐怕要比現在殘忍 100 倍。

其實表面上看創業面臨的現實風險比工作上班高很多，可是從長久看，上班帶來的風險更高。創業的風險是失去近幾年的預期上班收入，甚至破產後還得賠進去自己借的一部分錢，但是畢竟年輕，能夠屢敗屢戰，從失敗中汲取養分和經驗，經商水準與能力一次比一次高，逐漸融入經商人士的族群後，眼界和經驗日積月累，總有一個量變到質變的突破，只要真正地跨入了生意門，將來的事業基本上一片坦途。錢也越賺越多，財富累積越來越多，自身的價值也能得到最大的展現。

相反，工作生涯持續下來，近幾年確實平安無事，可是你其實在不斷地貶值和縮水，而不是越來越厲害。工作的時間越長，你會越來越心虛，越來越膽怯，十幾年後，稍有不慎，就可能被炒魷魚，失業，你看看哪個風險大呢？理念決定了你如何選擇，選擇決定了你踏上哪一條路，走上哪一條

第一章　只有創業才能創造財富

路決定了你將來的人生過程和結果。

選擇做生意和選擇工作，將來的區別真的太大了！如果你選擇工作生涯，可能你絕對幸運，將來可以做到年收入幾百萬元；如果你很不幸，做了低階上班族，也許每個月只有3到4萬元，豬肉漲價猜想你家吃不起豬肉，雞蛋漲價猜想你家要少吃雞蛋，即便這樣卑微的生活，心中還常存恐懼，害怕失業。如果你選擇了創業生涯，可能你絕對幸運，將來可以做富豪級人物，可以動輒捐助幾個希望小學，時不時地享受高爾夫球和私人遊艇；如果你經商能力不足，只能開個雜貨店，甚至在菜市場賣個豆腐、青菜什麼的，你也能賺個3到4萬元，和低階上班族過差不多的日子。但是你不怕失業，因為每天都有人來買豆腐、買青菜，這又是比上班族生活強的地方。

選擇創業有五大收益，我們必須知道：

(1) 獨立

自主創業的好處在於可以獲得獨立，不受別人控制，能夠自由發揮自己的知識、技能和才幹。

(2) 個人價值滿足感

對於一些人來說，自主創業就是為了實現自我滿足感。選擇自主創業，就可以每天做自己喜歡的工作。比如，你喜

歡攝影，你應該開自己的照相館，每當顧客對你的服務表示很滿意的時候，強烈的自我滿足感就會油然而生。

(3) 收入和利潤

創業的主要目的是獲得利潤。收入減去所有支出就是利潤，利潤歸企業所有者擁有。自主創業者可以控制自己的收入。通常，如果你對企業付出更多時間和努力，會獲得更多收入，這點與上班族不同。

(4) 工作安全感

透過創辦企業，人們可以獲得其他就業方式所欠缺的工作安全感。自主創業的人不會失業，也不會在達到一定年齡時被強制退休。

(5) 社會地位

從某種程度上說，所有的人都在追求社會地位。自主創業的人透過成功經營和參加社會活動來吸引公眾的注意，獲得一定的社會地位，這使他們享受到其他人無法得到的快樂和自豪。

所以，我們人生要過得有價值、有意義，就要做影響別人的人，為自己的夢想和目標闖蕩一番，即使失敗也問心無愧。

第一章　只有創業才能創造財富

掌握財富分配的規律：
四種賺錢方法

親愛的朋友，經過上述分析，你也許已經熱血沸騰，真的想改變自己的命運，過不一樣的人生，實現財富自由，但是我們要想創造財富，就要先看看財富歷史的變化，從而掌握賺錢的密碼。

縱觀全世界財富發展的歷史，全球財富移動的脈動是不同的。《財星》(*Fortune*)雜誌調查發現，在西元1800年以前出生的百萬富翁中，有31.3%是靠土地致富，這是農業時代致富的象徵，而另外的21.9%是靠船運致富，依賴於自然資源。但是後來財富發生了翻天覆地的變化，在1800年到1850年出生的百萬富翁中，30.2%是靠採礦致富，另外的16%是靠鐵路致富，還有7.5%是靠石油致富。到了後來，這個情形又發生了變化，在1900年以後出生的富翁中，25%是靠電腦致富，16.7%是靠通訊致富，另外16.7%是靠金融致富，最後的16.7%是靠系統致富。財富創造發生了很大的變化，先由靠土地、靠資源，再到靠工業、靠科技、靠金

融,未來要想創造財富是靠系統。

今天,我們的第一桶金從哪裡來?我們怎樣尋求一種成功的方法創造屬於自己的財富?按《富爸爸窮爸爸》(*Rich Dad Poor Dad*)的賺錢理論,我們可以總結如表 1-1 所示。

表 1-1 當今世界四種人與四種賺錢法

雇員	大企業主
1. 用時間換與金錢,為了金錢而努力工作 2. 把時間賣給老闆,沒錢也沒有時間 3. 時間不自由,收入受限制 4. 上班老闆罵,下班罵老闆 5. 停止工作＝停止收入	1. 他不為錢而工作,他用錢雇別人為他工作 2. 他建立系統,擁有系統,讓別人在系統中工作 3. 系統越壯大,他的收入就越高
自由工作者	投資者
1. 個體戶、專業人士、小企業主 2. 要自由而創業,創業後感覺更不自由 3. 更長的工作時間,才能有更高的收入 4. 就算你是老闆,你只是開公司給自己找份工作而已	1. 用錢滾錢賺取資本所得 2. 有錢又有時間 3. 他拿錢投資給系統,但不經營管理 4. 要學會用錢買別人的時間,而不是用時間去換錢

表 1-1 中,我們對比了四種人的賺錢形式。那麼為什麼有的人會成為雇員,而有的人會成為企業家呢?這是由他們

第一章　只有創業才能創造財富

內心深處的價值觀決定的,價值觀決定他們的選擇。

第一種人:雇員

雇員的價值觀:心中無大志,只求六十分,只求穩定,一生當中平淡、安穩,不要冒風險,就這樣能過一輩子。一旦停止工作就等於停止收入,活在世界溫飽層,總是喜歡為別人完成目標。

第二種人:自由工作者

自由工作者的價值觀:靠自己的實力、專業能力賺錢,崇尚自由,不受約束。

自由工作者的優點是:不像雇員一樣,時間固定,收入也被固定。自由工作者希望有挑戰性,具有冒險精神,努力工作,認真做事,願意加班到很晚,因為他們是為自己工作。

自由工作者是為自由而創業的,但創業後感覺更不自由了,因為企業沒有了自己就無法正常運轉下去,需要更長的工作時間才能使自己有更高的收入。例如,像我這樣的培訓師,必須把我的行程表排滿,到處去演講,這樣我的收入才能變高。自由工作者通常會遇到這樣的問題,為了自由,不想被老闆管理所以才創業,但創業之後卻發現,原來要自我管理必須逼自己做更多的事情,自己反而失去了更多的自由。

就算你是老闆，你可以離開你的企業一年依然有收入嗎？如果不能的話，你只是一個自由工作者，你只是自己開家公司為自己找份工作而已。

對自由工作者來說，越成功等於越忙碌，停止工作就等於停止收入，這就是自由工作者和雇員共同的缺點。

雇員每天用固定的時間獲得固定的薪水，自由工作者用更長的工作時間獲得更高的薪水。這些都是把時間販賣出去、用時間換取金錢的賺錢方法。

第三種人：大企業主

小企業主自己做所有的事情或者做大部分的事情，僱用的人越少越好，因為他不想發薪水給別人。他自己做事，錢歸自己所有，他是靠自己來運轉這個企業的，如果沒有他，企業就運轉不下去了。小企業主其實與自由工作者一樣，只是自己為自己工作而已。

而大企業主呢？他不為錢工作，他用錢僱用別人為他工作，他建立一個系統並擁有這個系統，讓別人在這個系統中為他工作。他也有可能親自工作過十年，但他在企業中的目的不只是為了賺到錢而已，他在打造一個模式，讓別人在這個模式中正常運轉。

當這個模式完整地建立之後，他就會離開這個模式而讓

第一章　只有創業才能創造財富

別人去做。此時，大企業主即使不工作，也仍然有錢賺，當他離開他的企業後，他的企業會用這個模式自動為他賺錢。所以，他的系統越壯大，收入就越高。當他僱用更多人來為他管理這個企業、開枝散葉的分公司越來越多、行銷部門越來越龐大的時候，他的收入也越來越高，時間也越來越多，他越來越成功卻反而能夠越來越輕鬆。即使他離開企業一年後仍然有錢賺，而且收入可能會更高。

大企業主最大的優點是：停止工作還有源源不斷的收入。

大企業主不是一開始就可以不用工作的，他可能一開始辛辛苦苦地工作了很長時間，才可以從企業中撤出來。而小企業主也在工作，但工作了很多年後也撤不出來。

一個是透過工作為自己賺錢，一個是工作賺錢之後再投入到企業中打造系統，讓系統運作賺錢。

大企業主工作主要目的是培訓他人，讓企業能夠上軌道，讓更多的人為他工作，直到未來有一天他不用工作。大企業主工作的前十年可能都沒有賺到錢，事實上，並不是他的企業不賺錢，而是他賺錢是為自己打造一個系統，為了賺永世的錢。

第四種人：投資者

投資者秉持的理念是讓資本運作產生價值，讓資本代替人去賺錢。

投資者的工作就是不工作，但誰為他賺錢呢？答案是：錢為他賺錢。他把錢投資給系統，但他不參與經營管理。創業需要錢，所以，投資者把錢投資給創業者。大企業主建立一個系統之後，不用工作就有錢賺，當初投資給他的那個人因為擁有這個企業的股權，所以這個投資者也可以賺取企業的收入。

雇員、自由工作者、大企業主、投資者是互相依賴的。投資者如果沒有大企業主幫助他經營管理，他怎麼會有時間呢？大企業主如果沒有投資者給他錢，他怎麼能去聘用雇員和自由工作者為他工作呢？如果沒有大企業主，雇員怎麼會有穩定的收入呢？自由工作者也是一樣的，也是靠很多企業付錢才有機會貢獻自己的才華的。

這四種人在一個經濟系統中互相依賴，有各自的功用和價值，各自都為自己打造一個賺錢模式。

此外，我們還要看清四類人的付出與收穫是不一樣的，如表 1-2 所示。

表 1-2 四類不同人的收穫

雇員	大企業主
十分耕耘，一分收穫	一分耕耘，十分收穫
自由工作者	投資者
一分耕耘，一分收穫	不耕耘就有收穫

第一章　只有創業才能創造財富

要有第三種人的賺錢思維

企業家到底有什麼樣的特徵？有什麼思維模式？我們從企業家的成長歷程來分析。

第一個階段的企業家的特徵是意識賺錢法。他們玩的是膽量，靠的是勇氣、機會。他們能把有限的知識變成生產力，變成市場價值。知識本身要想創造財富必須經過排列組合，必須把它變成生產力。

第二個階段的企業家的特徵是技術賺錢法。誰能賺到錢取決於誰能把事情做得更好。所以，第二個階段的企業家是技術型的企業家，他們比的是專利，玩的是發明。

第三個階段的企業家靠的是廣告創意。在廣告創意的時代，誰先打廣告，誰先宣傳，誰就能贏得機會。現在廣告成為企業中必有的規劃，甚至是企業策略的一個組成部分。

進入第四個階段的企業家發現廣告只是行銷當中的一種手段，最重要的是如何把整合行銷，看誰能把產品最快地推向消費者，誰能為產品和服務建立一個行銷的管道、網路讓消費者接受。

對於第五個階段的企業家來說，公共關係成為他們必須掌握的技巧。打造企業家的知名度、信譽度，建立公司產品和服務的形象成為創造財富的有效手段。

這五代企業家叫做顯性的企業家，他們在水面上翻江倒海，水面下風平浪靜；他們注重技巧，不注重企業的素養，不注重企業的系統建設，不注重修練企業內功，企業的競爭力較差。

企業家經過激烈競爭進入了第六個階段——以服務取勝的階段。一開始我們對服務的理解只是售後服務，後來才知道服務最重要的是增值。當大家都會做服務的時候，企業家進入了第七個階段，開始比品牌。

同樣是一瓶礦泉水，你生產出來，沒人要，而統一生產出來，卻賣得暢銷，原因是什麼，是品牌。品牌是企業的無形資產，品牌具有溢價和增值能力。如果只是做一個好的產品、好的服務，沒有一個好的品牌，這對於企業的後續發展是非常不利的。在品牌階段很多企業開始注重商標，注重產品和服務的價值。

第八個階段，企業經營的較高境界是文化。例如，我們聽過可口可樂的故事。再比如，我們先聽過松下幸之助的故事，才決定買松下電器；先聽過麥當勞的故事，才去吃漢堡。

第一章　只有創業才能創造財富

我們突然意識到產品的背後有一種最強大的力量，這種力量是一種無形的影響力，這種力量就是文化。很多企業開始研究願景、使命、價值觀。所以，企業家肩負著打造文化的任務。

第九個階段就是靠財務槓桿，即玩金融，玩上市，玩創投，玩私募。在這個階段誕生了一批非常優秀的企業，金融運作對於企業非常重要，它是企業騰飛的翅膀，也是最厲害的行銷手段。

第十代企業家靠什麼打造一個最有價值的企業？我們縱觀全球經濟發展史，發現在市場經濟超速成長且進入成熟階段的時候，未來賺錢的生意只有兩種：一是擁有系統，如麥當勞、肯德基、星巴克、沃爾瑪。他們靠著公司發展初期的累積形成一個強大的系統，然後靠輸出系統去賺錢。二是花錢購買系統，如開麥當勞分店，開可口可樂分裝廠。所以，我預測未來的第十代企業家是靠系統創造財富的。將來所有的生意幾乎都是金融加上系統，這兩個是企業的發動機。

我們為什麼要當老闆？是我們貧窮，因而要擺脫困境；是我們不想受別人擺布與指使，因而要獨立創業；是我們為了給子孫樹立榜樣，讓他們過得更好。所以我們需要改變，唯有改變才有出路，就像鷹一樣需要重生。

據動物學專家研究,鷹是世界上壽命最長的鳥類,可以活到 70 歲。但當鷹活到 40 歲的時候將面臨一次生死抉擇。這主要是因為當鷹的生命到了第 40 個年頭的時候,牠的爪子開始老化,無法有力地捕捉獵物;牠的喙變得又長又彎,會垂到胸脯的位置;牠的翅膀會長出又密又厚的羽毛,使牠的雙翅變得沉重,難以飛翔。

此時的鷹只有兩種選擇:要麼等死,要麼經過一個十分痛苦的重生過程。如果想重生,鷹得獨自飛到山頂,在山的高處準備重生。這是一個漫長而可怕的過程,重生的鷹要忍受莫大的痛苦和劇烈的身體創傷。重生的第一步是除去老化的喙,鷹用頭抵打著粗糙的岩石,在石壁上一下一下地摩擦,把老化的喙皮一層層磨掉,直到完全被剝離。這時的鷹已經無法吞食食物,牠不吃不喝,憑藉體內不多的能量來支撐自己的生命,在痛苦的煎熬中靜靜等待。幾個月後,新的喙慢慢生長出來,鷹開始了重生的第二步。鷹使用新的喙把爪子上老化的趾甲一根根拔掉,鮮血一滴滴灑落……然後又是痛苦而漫長的等待。奄奄一息的鷹在痛苦中長出了新的趾甲,而此時牠還得熬過最後一關:用新長出來的趾甲把身上又長又重的羽毛一根根拔掉……當新的羽毛長出來後,鷹完成了涅槃般的重生!新的喙、新的爪子、新的羽毛,鷹又能重新捕食了,重生後的鷹能夠再活 30 年!

 第一章　只有創業才能創造財富

　　鷹的成功是因為勇於挑戰自己的極限。我們都會為牠做出這樣艱難而重要的抉擇而感動，為牠忍受痛苦煎熬的堅強而震撼！人生就是選擇，道路雖然漫長，但關鍵時候卻只有那麼幾步。如果放棄就意味著死，何不像鷹一樣去拚一把？誰不想自己有個瀟灑的壯麗人生？儘管抉擇的過程是一個痛苦的過程，但在觀望和等待中錯失良機而後悔的痛苦是前者的千百倍。與其在痛苦的後悔中度日，倒不如像鷹一樣經過一個痛苦的蛻變過程而獲得新生。

改變已有的上班族思維

　　人和鷹一樣，要想與眾不同，要想去實現不一樣的人生就需要改變。思路決定出路，一個人的思想會影響其一輩子。

　　如今許多年輕人熱衷考公務員，公務員除了穩定，能過著悠閒、溫飽、有尊嚴沒思想的生活外，什麼也沒有。工作是沒有熱情，沒有性格，按部就班，得過且過。一天做著不想做的工作，說些不想說的話。時間久了，專業知識忘光了，銳氣泯滅了，到50歲後自感一事無成，後悔當初。

　　所有成功人士都有一個共同的特點，就是積極向上。一個陽光向上的人在這個世界到處能抓住機會。所以我們想做老闆，創造財富，就要積極向上，克服消極情緒，不抱怨、不埋怨。

　　有一個廣為傳頌的墓誌銘，它是這麼寫的：

　　在我年幼的時候，我想改變整個世界，等我大一點，我發現我不能；於是我就想改變我的國家，等我再大一點，我發現我不能；於是我就決定改變我的家庭，等我再老一些我

第一章　只有創業才能創造財富

發現我也未能改變我的家庭，我決定改變我自己；在我行將入土的時候，我沒有改變我自己。我突然發現，當初如果我能改變我自己該有多好呀！我自己改變了，也許我的家庭會隨之改變；我的家庭改變了，我的國家也許會隨之改變，進而改變整個世界！

墓的主人在臨死之前終於想明白一個道理，在這個世界上你很難改變別人，要想改變世界，先改變自己，自己改變了，世界就發生了變化。

有一位小兒麻痺患者叫玉平，其身殘志不殘，是當地老百姓眼中的創造財富明星。3歲時，他死了爹娘，靠哥哥嫂嫂撫養。也就是那一年，他患上了小兒麻痺症。大人因為他身體差，好心給他吃鹿茸，結果感染了病毒。從此，玉平再也站不起來了，只能坐在地上，靠雙手支撐才能勉強挪動身子。

人們常說創業難，對一個高度殘疾的小青年，創業則更是難上加難了。

但是創業的艱難並沒有壓倒玉平，他仍是艱難地跨出了人生創業的第一步──從哥哥嫂嫂和鄰居那裡借來200元，學著做小本生意。街頭擺攤，賣瓜子、水果之類。頭腦靈活、愛思考的玉平，賣瓜子也總是勝人一籌。他炒的瓜子總

是篩了又篩，既乾淨，又香，一天總能賣出去一大籮筐。稍有本錢後，玉平開始跟人合夥做漁獲生意，從城東小販手裡進貨，再轉手到城西賣出，從中謀些差價；後來就直接從農村農戶家進貨，到城裡菜市場去賣，生意從小到大，由少到多，3年後漁獲生意越做越大，玉平也開始有了屬於自己的積蓄。

看到別人殺豬宰牛生意火熱，他又跟人合夥，做起了豬牛屠宰生意。這樣又過了幾年，積蓄越來越厚實。

做大了生意的玉平，首先想到要建一個「窩」，蓋一棟屬於自己的房子。一番精心謀劃後，玉平終於在一個交叉路口蓋了自己的第一處產業，一棟4層樓的小洋樓。透過做生意，玉平悟出了一個道理：小商小販的一攤一店，終究只是生存意義上的謀生手段，很難有事業意義上的規模與發展，要想有突破，便要包工程、蓋工廠。

玉平憑著自己的智慧和汗水，先後承包修建了一條60公尺長的道路，獨立興建了一個職工食堂，完成了一棟老房子的改造工程，承建了一個學校的操場跑道，新建了一棟3,200平方公尺的七樓公寓，承包了一個水庫的綜合開發利用，豬牛雞鴨綜合養殖和漁業水產綜合開發。除這些工程外，玉平還先後與人合作創辦了紅磚廠、水泥預拌廠等工程。

第一章　只有創業才能創造財富

親愛的朋友，一個身障人士都可以創業成功，你呢？人生最寶貴的是什麼？青春！很多人都抱怨窮，抱怨想做生意又找不到資金。其實你自己就是一座金山（無形資產），只是你不敢承認，寧可埋沒也不敢利用，寧可委屈地幫人工作，把你的資產拱手讓給你的老闆。

我曾經問過我的一個朋友為什麼不去工作？他的回答是：「說句得罪點的話，出去工作簡直就是愚蠢地浪費青春！」很多人想把握機會，但要做一件事情時，往往幫自己找了很多理由讓自己一直處於矛盾之中，例如：

我沒有口才──錯！沒有人天生就會說話，臺上的演講大師也不是一下子就能出口成章的，那是他們背後演練了無數次的結果！

我沒有錢──錯！不是沒有錢，而是沒有賺錢的頭腦。工作幾年了沒有錢嗎？有，但是花掉了。花在沒有投資報酬的事情上，花在吃喝玩樂上，或存放貶值了，沒有實現價值最大化，所以錢就這樣入不敷出。每月當月光族，沒有遠慮，得過且過。

我沒有能力──錯！有誰一出生就有能力？一畢業就是社會菁英？一創業就馬上成功？當別人很努力地學習、累積、找方法時，你每天就只做那麼一點事都覺得乏味。能力

是努力修來的，不努力，天才都會成蠢材。但努力，再笨的人也能成為菁英。

我沒有時間 —— 錯！時間很多，但浪費的也很多！別人在努力學習、工作時，你在玩遊戲，或者看電視，總之在消遣虛度。

我沒有心情 —— 錯！心情好的時候去遊玩，心情不好的時候在家喝悶酒；心情好的時候去逛街，心情不好的時候玩遊戲；心情好的時候去享受，心情不好的時候就睡大覺。好壞心情都一樣，反正就是不做正事，不向目標邁進。

我沒有興趣 —— 錯！興趣是什麼？吃喝玩樂誰都有興趣，沒有成就哪來的盡興！沒錢拿什麼享受生活！你的興趣是什麼？是愛好旅遊回來月月光，是去KTV唱歌回頭錢包空空，是出去大量購物回來慘兮兮……

如果你骨子裡喜歡找藉口，不願冒險、不願擔當，就很難成為老闆，你又不願意改變，所以就不要羨慕別人身價上億。如果想成功，想創造財富，就得改變自己，改變自己的思路，改變自己的心態，努力去嘗試，失敗了也不怕，只有堅持，才能獲得成功。

第一章　只有創業才能創造財富

設立創業和財富目標

在這個世界上，不是你影響左右別人，就是被別人影響左右。記住，永遠是沒有目標的人為有目標的人完成目標。所以我們要改變，要樹立創業創造財富的目標。

如果現在的你有聰明的頭腦、澎湃的熱情、充沛的精力，內心深處渴望盡快地開創自己的事業，那麼，恭喜你，你已經向成功邁進了一步。

創辦一個企業要有動機、欲望和天分，也需要研究和計畫。你要花時間探討你的目標是否可行，這樣可以增加成功的機會。

首先，你要列出創辦企業的各種原因。創辦企業的一些最普遍的原因有：
(1) 你想當自己的老闆；
(2) 你想財政自立；
(3) 你想有創新的自由；
(4) 你想完全展示你自己的技能和知識。

其次，你要決定哪類商務領域的企業適合你。試著回答

下面的問題：

(1) 我想幹什麼？
(2) 我學習過、發展過哪些技術技能？
(3) 我還擅長什麼？
(4) 我是否獲得了親友的支持？
(5) 我有多少時間成為成功企業？
(6) 我的愛好和興趣是否有商業價值？

再次，你要確定你的公司的經營範圍。下面的問題可以指導你做一些必要的調查研究。

(1) 我對什麼產業有興趣？
(2) 我將銷售什麼產品或服務？
(3) 我的生意是否現實，它是否滿足或適應了某種需求？
(4) 我的競爭對手是誰？
(5) 與現有的公司相比，我的企業的優勢是什麼？
(6) 我能提供高品質的服務嗎？
(7) 我能為我的企業創造一種需求嗎？

最後，你要編制你的商業計畫，問自己下面這樣一些問題：

(1) 我有哪些技能和經驗可以帶入新企業？
(2) 哪種組織結構對我的企業最適合？

第一章　只有創業才能創造財富

(3) 需要哪些設備和物資？
(4) 我的資源有哪些？
(5) 我需要從何處獲得資金？
(6) 需要防範哪些風險，以及如何防範？
(7) 我將如何給自己付酬勞？
(8) 我的企業位於何處？
(9) 我的企業名稱是什麼？

財富是一點一滴累積起來的，企業家也是從賺到第一筆錢而走上成功之路的。如何賺到第一筆錢呢？世界上眾多的知名企業家幫我們提供了答案。

1. 投入自己最熟悉的產業

賺第一筆錢要從自己最熟悉的產業開始，這樣就不用在一個陌生的領域從頭學起。著名的賓士汽車公司是由兩家公司合併而成的，這兩家公司的老闆分別是賓士（Karl Benz）和戴姆勒（Gottlieb Daimler），他們分別製造出了世界上最早的一批汽車，然後在汽車這一領域大顯身手，成就了賓士今天的輝煌。而比爾蓋茲更是在自己熟悉的產業中取得成功的傑出例證。在車庫裡辦公的微軟公司在今天已是世界資訊業的巨無霸，而比爾蓋茲迄今為止也只擁有這一家公司，他從未做過與電腦無關的生意。

2. 勤奮是所有企業家成功的法寶

艱苦和創業往往是連在一起的,艱苦創業是必須做到的。創業伊始,資金短缺、規模過小、沒有知名度、大企業排擠等會困擾小生意,艱苦創業在此時尤顯重要。香港金利來領帶現在已是世界名牌,創辦人曾憲梓也堪稱「領帶王」。但曾憲梓的發家卻充滿著艱辛,曾一度推著小車在商場門口和大街小巷叫賣他的領帶。正是經過了這樣的不懈努力,他完成了一次又一次的超越,才有今天的成功。「經營之神」王永慶是在世界華人中數一數二的人物,勤奮也是他的成功祕訣。王永慶最早的生意是開米店。他的米店在鄰里中有口皆碑,因為王永慶可以做到對當地居民瞭如指掌。當某一戶居民即將吃完家中的米時,王永慶就會送米上門,而且當下並不收錢,等到了居民發薪的日子,王永慶才登門拜訪。就是這樣艱苦細緻的工作,才成就了今天的王永慶。

3. 善於捕捉機會、勇於冒險

澳門賭王何鴻燊的資本累積充滿著傳奇色彩,善於發現別人沒有發現的機會,並且勇於承擔風險是他發家的祕訣。在抗日戰爭期間,日本占領了澳門,並進行全面封鎖。何鴻燊組織船隊向澳門偷運糧食和日用品,他自己也收到了敢冒風險的回報。有資料顯示,現在澳門的一半產值與何鴻燊有關。

第一章　只有創業才能創造財富

創辦和經營企業是一項重大決策，這不僅關係到個人的事業前途，甚至會影響到家庭乃至整個家族的榮辱興衰。商場如戰場，一旦踏上經營之路就要承擔來自市場、財務和社會等各方面的風險和壓力，而由此帶來的是人生價值的實現、金錢地位的獲得和獨立自主的人生。

第二章
解密創造財富的步驟和方法

第二章　解密創造財富的步驟和方法

每個人都想成功富有，但商機在哪裡呢？光有滿腔熱情，找不到商機怎麼能創造財富呢？我們來看看現實生活中創業成功的例子。

20多年前有一位大學教授，他夢想讓不同的人能夠學好英語，滿足很多人想出國、想進跨國公司的需求。於是他在租了教室，開起外語培訓班，結果是培訓班越開越大，後來籌資辦了一所外語學校。這個學校學員越來越多，規模越來越大，一所不夠，滿足不了學員的數量需求，所以開始在其他城市創辦分校，這個市場被開啟，規模越做越大。

在以前，靠教書想成為百萬富翁是不可能的。當這個培訓集團在那斯達克上市的時候，這位老師的身價是70億元。他只做了一個角色的轉換，財富就隨之發生了變化。

2002年，一位CEO坐車在高速公路上行駛時，他看到了一種現象：高速公路兩旁要麼是一些很大的五星級酒店，要麼就是一些招待所。他思考一個問題：當時正在發展汽車工業，而汽車工業會帶來行走經濟。最大的生意機會不就是中產階級生活方式的轉變嗎？人們有車之後，旅行休閒成為人們的常態。而當地的狀況只有星級酒店和招待所，中間留下巨大的市場缺口——商務型酒店。當他認知到這種需求的時候，他跟另外三個人一起合作投資。三年之後酒店集團在

那斯達克上市，市值突破 10 億美元。

從上面的故事我們可以看出，要賺錢就是要善於思考，善於分析和解決問題。財富就躲在問題的後面。

第二章　解密創造財富的步驟和方法

創造財富的四個步驟

有人說大學畢業就等於失業，是因為社會競爭太激烈了。懷揣著美好夢想進入大學，卻要面對殘酷的現實，有人選擇了消極應對，但也有人選擇了積極面對，努力去實現自己的夢想。大學生文偉也是帶著夢想進入大學，但是現實的殘酷卻沒有讓他倒下，反而讓作為貧寒學子的他在大學期間積極努力地賺到數百萬元，成為大學生傳奇創業明星。

下面就讓我們一起看看大學生文偉的創業故事，從中揭示出創造財富的四個步驟。

2007年，19歲文偉以第一名的成績考入了大學。讀大學需要錢，而文偉家只不過是一個普通家庭，一家五口人的經濟來源完全依靠在一般公司上班的父親的薪資來維持。也正因為如此，他在高三畢業的那個暑假開始賺取他的第一桶金。

文偉和同年級的幾位傑出學生一起創立了暑期補習班，幾人租了個小教室開班當老師，兩個月下來，他們賺了數萬元。文偉在留給家裡幾千元生活費後，便帶著5,000元隻身

到了外地求學。本來父母親要送他過去,但他謝絕了父母的好意,因為來回的費用也是一筆不小的數目。

當文偉來到大城市這個花花世界,光是校園裡偶爾透露出的那絲富貴氣息,已經足夠讓他感到不適。鄉下來的他,想要不自卑,當時唯一的念頭,就是要賺錢。

這就是創造財富的第一步:心中有強烈的創業賺錢的夢想。沒有夢想和目標,就是機會來了也視而不見;有了強烈的夢想動機,就是沒有機會,也會創造機會。

我們看文偉是如何創造機會、抓住商機的。

在開學的第一個月,他就直接找學校的輔導老師,申請打工。在老師的幫助下,他當起了研究助理,每個月可以拿到 4,000 多元的薪資,因為做得很出色,一個月後,他被系辦錄用。在系辦裡,他開始接觸學校裡很多依靠自己能力、自食其力的同學,那時的他已經萌發了做一番事業的想法。

2007 年 10 月,文偉拿到了大學獎學金,而後他有幸見到了這個基金的創始人。聽到創始人在臺上講述坎坷的創業之路,文偉受到很大的觸動,他暗暗地想,我以後也要做像他一樣的人。(夢想不斷地強化)

不久,文偉接下了一個很多同學都認為既費力又不賺錢的工作 —— 推銷銀行信用卡。10 月,天氣非常燥熱,他頂

第二章　解密創造財富的步驟和方法

著烈日，開始一個一個寢室去敲門，吃得最多的是閉門羹。敲開了門的，卻也沒讓他失望，一個星期下來，他拿到了5,000多元的報酬。雖然辛苦，需要花費大量的時間，但簡單的體力勞動可以賺來這樣的收益，應滿足了。

那天晚上，他在自己的部落格寫下了這麼一句話：這樣盲目地用體力去打拚賺錢，並不是我想要走的路。要想賺大錢，就一定要動腦，要形成規模效益。

這就是創造財富的第二步：尋找思路，找到你創造財富的載體（這個載體可能是飲料、餐廳、商店、房地產等）。

幾天以後，在一次校園午餐時，他聽同學說最近各個學院將要開始訂製院服。說者無心聽者有意，這會不會是一個機會呢？文偉迅速展開調查了解，結果他發現幫各個學院製作院服的廠商代表，都不是真正的生產店家，這些廠商代表，通常在接下訂單之後，把單轉讓給製衣廠，賺取其中的差價。

「既然如此，為什麼我不可以去做呢？」他決心把這筆業務承攬下來。為了提高成功率，他連繫了3家不同規模的製衣廠，以不同的價格，談成了合作意向。這相當於他領著3家公司一起去競標，奪標的成功率無疑增大了。

於是他開始進行連繫，用不同製衣廠代表的身分和各個

學院負責院服製作的同學連繫。很快,他就拿下了學校兩個學院院服製作的業務,這加起來差不多有 1,000 多套院服。這筆生意讓他賺了 4 萬多元。

從這件事上他得出了一個結論:「做事情不要想太多,要大膽做,做完了失敗或者遇到什麼困難也是值得的。要是你不敢走,遇到失敗就害怕,你就永遠停在那個關卡上。眼前有困難,可能跨過去之後你就知道怎麼走了。」

2008 年 1 月,文偉認識了經銷智慧安全監控裝置的小李。因為兩人在一起經常談企業、創業方面的話題,志趣相投,便成了很要好的朋友。

一天,文偉在聊天時得知一名做房地產生意的朋友小王有幾處房產需要安裝智慧安全監控裝置。他覺得這是一個不可多得的商機,便急忙和小李連繫,兩個人經過評估,接下這筆業務將會獲得近百萬元的收入。於是他們連繫了對方,希望能接下這筆工程。

但按照一般的程序來進行的話,競爭這樣的工程需要參與投標,可文偉並沒有這方面的經驗。怎麼辦?最終,學校相熟的老師幫了他一把。因為剛進大學就在系辦幫忙,又有著「狀元」的頭銜,學院的一些老師和這個看起來很勤快的學生關係挺好。這次,文偉試探性地講了自己的麻煩,沒想

第二章　解密創造財富的步驟和方法

到,立刻就有老師滿口答應幫他解決 —— 許多本學院的畢業生都已經是企業裡的核心主管,傳授一些經驗給學弟並不是什麼難事。

利用老師的介紹,文偉抓緊時間上門拜訪了一些大型企業工程部門的菁英人士,學會了一些專案投標的商業技巧。一個多月後,文偉與小李透過競標,順利拿下這個專案。到2008年6月,入學不到一年的文偉憑藉這個專案的順利完成,賺到了他人生的第一個100萬元。

緊接著文偉又接連承接了幾個比較大的專案,這其中包括一家房地產公司外牆貼磚專案。透過這些專案,文偉一共賺得超過200萬元。其間文偉匯回家裡40萬元,嚇得母親驚恐地在電話中問了十多次「錢從哪裡來的」。

創造財富的第三步:財富管控,改變對待金錢的態度,財富才能長久。

之後,文偉又與朋友投資酒吧、成立管理諮商有限公司,透過一連串的組合投資,2009年初,文偉的身家已經超過了500萬元。然而文偉畢竟還是大學生,也知道學習的重要性,所以他也就經常把一句話掛在嘴邊並且付諸實踐:「我把51%的精力放在學習上,把49%的精力放在創業上」。

創造財富的第四步:為財富引進系統,財富持續倍增。

（文偉打造公司，靠團隊、系統來運作，不再是單槍匹馬）

從文偉的故事中，我們可以總結出創造財富的四大步驟：

(1) 財富的覺醒，邀約你的夢想；
(2) 為你的創造財富找到一個載體，哪怕是一本書；
(3) 進行財富的管控，改變對待金錢的態度，財富才能持續擁有；
(4) 為你的財富引進倍增的系統（工具＋制度＋人），增加財富累積管道。

文偉雖然成立了公司，準備打造團隊，有系統運作雛形，但還不成熟。而像麥當勞、星巴克、沃爾瑪等這樣的大公司能夠經歷幾十年甚至上百年，靠的就是成熟的系統運作。

1962年，有一個人在美國小鎮開了一家折扣商店，打算給顧客提供更低價格的同類產品。他的錢是從他岳父那裡借來的，而且經營之初就陷入了困境。別人認為他的經營理念是錯誤的，建議他擴大規模贏得規模優勢。於是他把店拓展到周圍的鄉鎮和城市。很多人，甚至是一些百年老店都認為他很快就會撐不下去。但是他堅信自己的選擇，買了一架小型的私人飛機在美國的天空上選擇店址。

這家企業在奮鬥了40年之後，在2002年成為世界500

第二章　解密創造財富的步驟和方法

強中的第一名,它就是沃爾瑪。

在沃爾瑪的營運中,它取勝的原因就在於它的系統。目前,沃爾瑪在全世界 14 個國家開設了 7,900 家超市,擁有員工 210 萬人。這樣一個超大型的企業,在經營當中,要有一套完整的系統來做成本調整。

我們要想創造財富,就要問自己:有沒有合適的載體,有沒有為這個載體做充分的準備,有沒有為財富倍增打造自己的一個系統。我們許多人都是跟風,盲目生產,造成產品嚴重過剩,造成惡性競爭;我們有的人生產的產品本身沒有什麼賣點,也不塑造產品的賣點,不懂行銷策略,以為行銷就是打好人際關係,就是喝酒、吃飯。這些全部是不可持續發展的策略,沒有長遠的策略眼光,造成私人企業壽命越來越短。只有系統創造財富,才能使我們的產品和服務滿足消費者,為企業帶來持續的利潤增長,為社會貢獻更多的價值。

創造財富的五大障礙

創造財富的第一步叫財富的覺醒。我們說財富躲在問題的後面，能夠解決問題，就能夠創造財富，解決問題首先來源於會思考問題，所以要有創造財富的思維模式。

在某大學，學生們議論很多女孩子穿短裙，而且裙子越穿越短，於是在學校引起一場軒然大波。老師覺得不雅，校長覺得不妥，最後校長下令禁止。這個公告剛一發出，學校裡就議論紛紛。

中文系在布告欄裡寫著：「幾千師生齊爭吵，只因裙子太短小，具體情況怎麼樣，布告欄裡有報導。」對此他們保持中立的態度。

美術系表示：維納斯證明尺度的適當缺少會顯得更加美麗，更加性感。他們表示贊成。

法律系表示：法律禁止的只是原告由短裙萌發的邪念，而非被告所穿的短裙。

經貿系表示：不管是校方推銷有色眼鏡給所有男生，還是推銷黑色長襪給所有女生，我們都想入股。

第二章　解密創造財富的步驟和方法

　　生物系表示：人與猩猩根本的區別，不是裙子的長短，而是看見長裙和短裙能否做不同的想像。

　　體育系表示：只有穿長褲的守門員，而沒有穿短褲的前鋒和後衛，還能叫足球隊嗎？

　　政治系表示：從長裙到短裙，這恰恰是民主制最有力的展現。

　　最後公共關係系表示：降低談判對手的目光，這正是我們四年寒窗苦讀所追求的，結果被一個短裙就解決了。

　　各個系的學生對穿短裙的現象看法不一，原因就在於看問題的角度不一樣，人們學的專業知識不一樣。換句話說，人們對一件事情持不同的看法，原因就在於思維模式不一樣。

　　思維模式是一個人從所接受的知識和情感的經歷中獲得的經驗，或看待某件事情所形成的假設能力和下結論的能力，它是我們創造財富的一個重要平臺。如果思維模式好，即使貧窮或陷入財務困境，我們仍然可以東山再起；如果思維模式差，即使我們現在很富有，有一天也會一敗塗地。

　　創造財富的障礙往往來自於錯誤的思維模式，這些錯誤的思維模式，阻礙了我們把握商機，阻礙了我們做出正確的判斷。所以，我們有必要了解一下這些障礙到底在哪裡，怎

麼克服這些障礙。下面我們具體來分析一下創造財富的五大障礙。

第一障礙：過去的意識

親愛的朋友，你在圖 2-1 中能找到幾個三角形呢？

通常，我們都能找到幾個三角形。當你努力地數著有幾個三角形的時候，你的大腦被你的眼睛欺騙了，你已經掉進了思維模式的陷阱。這個陷阱就是「過去的意識」。為什麼你認為它是三角形呢？

圖 2-1 魔幻「三角形」

是因為你以前看到它像三角形，你根據過去的經驗來假設今天你所看到的事情。其實在這一組圖案當中，它根本沒有三角形。什麼是三角形呢？三角形是由三條邊首尾相接形成的。而在圖 2-1 中，哪一個三角形是由三條邊首尾相接而成的呢？面對問題，首先應經過大腦的思考，透過現象，發現本質，而不要被現象所矇騙。

所以，在創造財富的過程中有一個最重要的教訓就是：

第二章　解密創造財富的步驟和方法

很多人之所以失敗就是掉進了過去經驗的陷阱裡。按照你過去的想法和經驗只能得到過去的結果，不會有創新突破。你想要創造財富，就要打破過去的框架，勇於想像，你才有不一樣的收穫。

一位傳媒公司創辦人說：「不要說是什麼數位媒體業，或者服務業，都不是，我們是無聊產業，我們是幫助別人打發無聊的產業。」

但是，當大家把無聊的事情做起來以後，就成了一個產業，叫「無聊產業」，該創辦人說，他賺的就是「無聊」的錢。所以很多事情不是靠過去的思維模式，而是靠善於思考，善於洞察。他分享自己的故事：「所有的藍海策略來自於對細節的洞察，來自於懷疑主義的精神，來自於顛覆性的思考。回過頭來看，分眾做的，我覺得也是有同樣的想法。假如我們在電梯口沒有洞察到人在特定時空中無聊的價值，如果我也堅信媒體只能是大眾媒體，只能內容為王而不是通路為王，那今天的分眾也就不存在了。今天如何用顛覆性的思考模式，或者是用另外一種角度去思考問題，變得非常重要。」

今天為什麼很多人賠錢，是因為他用了過去的經驗；今天為什麼很多的企業變弱，是因為它用了過去累積下來的一系列假設結論。面對新的形勢，如何才能使企業和個人的思

維模式不斷向前？美國麻省理工學院教授彼得‧聖吉（Peter Senge）告訴我們：未來是不可知的，戰勝競爭對手的唯一方法就是比對手學得更快更好。所以，要想不斷地向前，就要用好的思維代替過去的經驗意識。

第二障礙：過去的成功

圖案中有幾個實心的黑圈和白圈

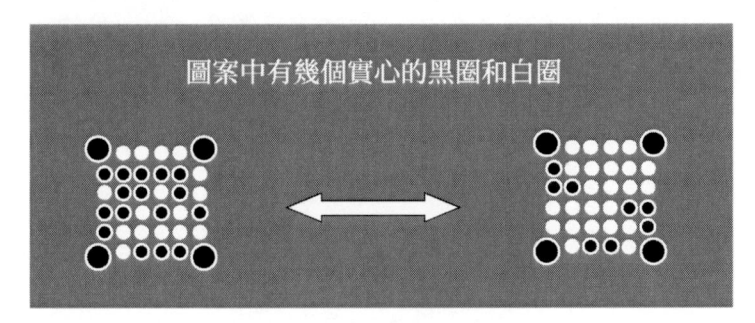

圖 2-2 實心的黑圈和白圈

請問在左邊的圖形中，你看到了幾個實心的黑圈？ 20 個是正確答案。在右邊的圖形中，你又看到幾個實心的白圈？ 28 個是正確答案。請問你是如何得出正確答案的？大多數人是用數的方法，其實當你用數的方法得出這個答案的時候，你就已經掉進了思維模式的陷阱。為什麼你用數的方法呢？因為你曾經用數的方法解決過類似的問題，於是你就具備了一種解決同類問題使用同一方法的傾向。其實新的問題有很多解答的方法，我們來看這個新的問題的解答。在新的問題

第二章　解密創造財富的步驟和方法

當中，最好的解答方法是 6 乘以 6 再減去 8 就能得出正確答案。

請記住，今天的成功可能成為明天的敵人。人之所以會失敗，就是因為他用了過了保固期的成功方法。所以要想成功，就要不斷地審視使你成功的方法有沒有過了保固期。

在你前進的道路上有很多的誘惑。你唯一要拋棄的就是過去的成功帶給你的驕傲，唯一要捨棄的就是過去的成功帶給你的將來不適合的假設。一個人在成功的道路上，某一時空的成功經驗可以幫到你。但是當換了另一個時空後，過去的成功經驗就幫不了你了。我們唯有超越自己，超越過去的成功，才能真正擁有更具價值的未來。

第三障礙：思維的設限

我們要善於運用無界思維看待問題，這樣你會有更多的創新，你會發現更多的商業藍海。

亞洲人喜歡盲目地跟風、湊熱鬧，因為我們沒有離開我們所爭奪的空間，在有限的空間爭奪，很多時候是自己人把自己搞死的。

亞洲有八大菜系，但是這些美食不能突破空間的障礙賣到全球，而一個僅賣漢堡、炸薯條的小店卻能突破空間的障礙成為全世界餐飲機構的龍頭企業。

心理學家做了一個測試，他把一條飢餓的大魚放在一個透明的玻璃魚缸裡，然後在中間放一個透明玻璃板，把這條飢餓的大魚隔在一邊，然後在玻璃板的另外一邊放了無數條小魚。這條大魚衝過來吃小魚卻撞在那塊玻璃板上。牠沒有放棄，於是再一次撞過去，結果還是撞到玻璃板上。當撞了無數次之後，大魚得出結論牠吃不到小魚。後來，心理學家把中間的玻璃板拿掉，小魚游到了大魚的嘴邊。大魚不再去吃小魚，因為牠怕撞在玻璃板上。

很多人在創業初期有很多的夢想，想過美好的生活，後來走在創業路上的時候遇到了挫折。他覺得自己不是那塊料，於是便不再嘗試。所以，各位要想成功就要突破限制，絕不要畫地為牢。

只要我們把產品和服務做好，再擁有國際視野，突破空間的障礙，用無界思維，我們就有機會進入更大的市場，成為世界第一。

第四障礙：背景中的主題

人們習慣了首先注意背景中比較醒目的但卻不重要的部分，往往會忽視一些重要的因素。今天我們創造財富的背景是一樣的，但是有的人看到了機會，有的人卻沒看到。

以往大多數人都不知道自己所買的被子、枕頭、床單是

第二章　解密創造財富的步驟和方法

什麼牌子，因為市場上沒有哪個牌子能夠令消費者耳熟能詳，這就是發生在我們身邊的創造財富機會。一位寢具品牌創辦人看到了這個形勢，他用了不到兩年的時間就開了約 30 家店。他的目標是在 2013 年底開設 150 家店。

正因為創辦人為自己的品牌插上了兩隻翅膀 —— 系統和資本，才使得公司在同類產品中占據優勢。這些在創造財富路上成功的企業，都有一個共同的特點：在大家熟視無睹的背景下發現巨大的機會，並用自己的系統和資本勇於抓住機會，使自己成為系統創造財富的標竿。

我們常見的創造財富背景有哪些呢？我經過系統性的研究，發現大概有 12 種：

(1) 有很多選擇 —— 產品的深度和寬度（玩具反斗城）。
(2) 低成本取勝（沃爾瑪）。
(3) 方便，如地理位置優越、貨源充足、出貨迅速、24 小時服務（沃爾瑪、聯邦快遞）。
(4) 提供意見及協助（瑞典的利樂）。
(5) 一流的品質（賓士）。
(6) 與眾不同的出生地：

　　A　美國—電腦與飛機；
　　B　英國—皇室和賽車；

　　　　C　西班牙──歐洲的旅遊勝地；

　　　　D　日本──汽車與電子；

　　　　E　義大利──設計與服裝；

　　　　F　俄羅斯──伏特加與魚子醬；

　　　　G　德國──工業設計與啤酒；

　　　　H　法國──葡萄酒與香水；

　　　　I　瑞士──銀行與鐘錶；

　　　　J　中國──國術與草藥。

(7)　物超所值的服務（星巴克）。

(8)　更多的保障與擔保（聯邦快遞）。

(9)　歷史的優勢（雲南白藥、蘇格蘭威士忌）。

(10)　立即可用或總有存貨（達美樂披薩、快照）。

(11)　推出產品的速度（麥當勞等待時間不超過 10 分鐘，英特爾比同行快兩步）。

(12)　創新（蘋果、索尼）。

　　所以創造財富要選好背景中的核心經營的主題，不是盲目生產、研發，如果盲目，那只能造成資源浪費。

第五障礙：真實中的焦點

　　生意就在我們的周圍，重要的是我們能否抓住它的核心。

第二章　解密創造財富的步驟和方法

聚焦，就是抓住核心，就是抓住獨特的地方，做強做大。

可口可樂是第一種碳酸飲料，烏龍茶是第一種茶飲料，星巴克是最大的咖啡飲料。

一流的企業都不是賣產品或服務，而是販賣其在消費者心目中的印象，也就是你的公司＝什麼字眼。例如：王老吉＝降火，Volvo＝安全，海倫仙度絲＝去屑。

《藍海策略》(Blue Ocean Strategy)有一個觀點：「成功的企業，不要局限在找尋顧客需求什麼，而是要研究非顧客，看他們需要什麼。」也就是要去主動尋找顧客需求和引導需求，創造顧客，把非顧客變成顧客。

100年前，很多今天的基礎產業，如汽車、錄音、航空、石油化工、醫藥、管理諮商等，當時都還是聞所未聞的事物。即使是30年前，很多幾百億的產業也是不存在的，如共同基金、行動電話、生物技術、折扣零售、快遞、星巴克、家庭影院等。

但是如何正確尋找聚焦的藍海商機呢？首先要明確一個觀念：分化是未來的一個趨勢。

例如，你住在一個只有100人的小村莊，那麼你可能在村子裡找到什麼樣的商店？一定是一家食品、衣服、油鹽柴

米、汽油等什麼都賣的「雜貨店」。但是你搬到擁有 100 萬人口的城市，你又會在此發現什麼樣的商店呢？那一定是分工極細的專業商店，比方說不單有服裝店，而且還分男式服裝店、女式服裝店、兒童服裝店和休閒服裝店。

市場越大，商品專業性越高；市場越小，商品專業性越低。因此在面對全球化的階段，企業必須變得更專業化。百貨商店，以前是什麼都賣，現在開始慢慢地分化：珠寶店，化妝品店，女性內衣店，男士西服店，皮衣店，休閒服店，運動用品店，床具用品店，嬰兒商店，玩具店等等。以後還會繼續地分化，你要做的就是根據分化規律創造一個類別第一。下面這個創業故事很好地詮釋了這一觀點。

2001 年，曉麗利用自己做了 6 年月嫂所學到的知識和累積的經驗，在家裡附近率先創辦了一家為嬰幼兒提供保健洗浴的「寶寶洗澡店」。一年後，小店擴大規模，增加了服務內容，更名為「寶寶洗澡按摩店」。「寶寶洗澡按摩店」的出現，正好與醫院形成了互補，這無疑開啟了一個潛在的市場。至今，曉麗的「寶寶洗澡按摩店」已經開了 3 家分店。

幫孩子洗澡實際上是一門很深的學問，僅藥物調理就有一番名堂。曉麗根據寶寶的體質和生病的症狀，在洗澡水中加入用何首烏、蒲公英、銀花藤等數十種普通中藥以不同比例、火候、水分煎製出來的藥水。曉麗把這些專業知識製作

第二章　解密創造財富的步驟和方法

成宣傳廣告,讓顧客清楚他們的產業水準。

幫孩子洗澡應該算是一種藥物保健,而按摩則是自然保健了。幫嬰幼兒做按摩,可以興奮嬰幼兒的大腦中樞,刺激神經細胞的形成及其觸角間的連繫,促進小兒神經系統的發育和智力的成熟,從而促使血液循環和身體發育,增強食慾,增加體重,使嬰幼兒情緒穩定、精神愉快、健康成長。

曉麗還出了一個奇招,就是「觀浴」。她在靠街道的方向裝上了玻璃牆,讓顧客觀看寶寶洗澡。這樣做,一是可以讓父母安心,二是給自己做活廣告。

所以,機會就在你的身邊。只要突破自己的思維障礙,有那麼一點創新和改變,你就能找到商機,創造財富。

四種創造財富的方法

親愛的朋友,不管你是準備創業還是已經創業,你都需要了解創造財富的四種方法。

1. 銷售＝收入

世界級的管理大師湯姆·彼得士(Tom Peters)說過這樣一句話:領導等於銷售。任何成功,都是行銷的成功,這個世界上各行各業所有有成就的人,他們的成就都來自於行銷。行銷的對象是客戶,只有滿足客戶的需求,財富才最有保障。

在這個世界上,只有銷售才能創造收入,其他過程都是為銷售做準備的。上班族中也只有業務員,收入可以迅速崛起,其他人員收入都比較單一。但我們很多人卻不願意從事業務,都想做行政,說白了都是為躲避風險,其實躲避風險的同時,你也喪失了賺取財富的機會。正如李嘉誠所說:「我年輕時所學到的銷售本事,別人花一百萬也買不到。」

第二章 解密創造財富的步驟和方法

2. 口才＝擴大收入

有位培訓大師說，一個人有口才必是人才。口才天生造就你的魅力，我發現演說家沒有幾個是窮光蛋的，一般都很富有。

口才成就人生，創造巨大的收入，這方面成功的例子太多了。

3. 說服力＝增強銷售

銷售是什麼？銷售就是教育，銷售就是催眠。你有好的說服力，能獲得顧客的好感和信賴，你就能夠賣出更多的產品。影響人們購買東西的不是需求，而是感覺。賣產品就是賣感覺。

4. 行銷＝巨大收入

行銷是什麼？行銷就是一種吸引力。行銷常用的手段就是廣告、公關。它是品牌宣傳的有力手段，它甚至可以改變消費者的消費心理。

2002 年，小陽從工廠失業，老婆在另一間工廠裡賺取微薄的薪水。兒子高中畢業，沒考上大學，在家兩年後，到處找工作碰壁，最大的收穫是找了個女朋友。為了幫兒子賺面子，小陽到處打臨時工，累得腰痠背痛，家裡的經濟狀況仍

然絲毫不見起色。全家人對著電視，鬱悶地嗑著瓜子，這是他們全家人最大的愛好。再窮，瓜子照嗑。小陽眼前一亮，乾脆我們做瓜子加工，既解決了家裡的瓜子需求問題，還可以賺錢。

2004 年，「開口香」瓜子做出來了，味道很不錯，可是過幾個月了，一直不好賣，找一些攤販代賣，人家嫌價格高。小陽找到專業人士諮商，看如何才能既讓攤販接受，又能打入連鎖商店、超市。

專業人士經過市場調查，找到了「開口香」瓜子的產品定位：小品牌，中價位。先將品牌在當地裡打響，然後用味道來吸引其他縣市，再攻打進批發商，進入商場和超市。以地域優勢，定價上低於大品牌瓜子，但高於攤販的價格。

為了吸引消費者的目光，專業人士首先確定了瓜子的包裝材料──竹器，以及廣告語──「一簍瓜子，開口香」。其次，專業人士建議小陽：市場上有什麼味道，你的瓜子裡就有什麼味道。經過研製，小陽終於試製出 10 種味道，然後免費讓商場門口的顧客試吃，並請他們對瓜子的口味提出意見。最後確定了產品的生產定位。

生產定位有了，不代表產品的競爭力問題就解決了。女性消費者都是比較「貪小便宜的」，男性買瓜子很少去看產品

第二章 解密創造財富的步驟和方法

規格,但女人不同,她們會仔細看。針對這一問題,「開口香」瓜子的包裝規格相比其他類似包裝從重量上略多一點,比如人家 70 克的瓜子賣 50 元,而「開口香」就是 71 克的包裝規格,同樣也賣 50 元。形象上更勝一籌,口感上更好吃,又比競爭對手多了那麼一點點,你說消費者會買誰的呢?

最後,就是促銷了。在「開口香」的促銷方案上,有兩個方面:其一是針對經銷商(批發商)的促銷,其二是針對消費者的促銷。在經銷商(批發商)的促銷上,有「開簍有禮」等獎勵政策。在針對消費者的促銷上,「開口香」在地方媒體上持續做了很多廣告,還發起了一些徵文活動和一些場地上的促銷活動。

透過一系列的策劃和定位,「開口香」瓜子開啟了銷路,小陽也成了創造財富成功的案例。

第三章
創造財富的第一步：
個人定位與財富夢想

第三章　創造財富的第一步：個人定位與財富夢想

夢想成真的法則

透過創業得到物質財富是每個人想要的,但得到物質財富也不一定幸福。我們講創業和創造財富區別在哪裡,創業是開啟你的事業,創造財富則更加全面,包括物質財富和精神財富。我遇到過很多老闆,我為他們做顧問諮商,為他們企業做內訓,我們共同探討企業經營的時候,很多人說雖然賺到了錢,但是不快樂,沒有幸福感,感覺不到輕鬆。那是因為他們太注重物質財富,而忽視了精神財富。我們的人生要得到六個方面的財富,獲得六個方面的平衡,下面我分享一下。

(1)身體和健康

我們首先要獲得身體健康方面的平衡。這是第一位的,也是我們在生命之輪中,一直前進的一個最重要的基礎。沒有健康,賺再多的錢,都是無用的。

(2)事業和理財

這也是我們談得最多的。本書講的是創造財富的話題,也是致力於人的事業和理財方面,要解決財務的問題,但你

也要明白，事業與理財只是我們人生的六分之一。換句話說，哪怕今天在事業理財方面，你覺得非常圓滿，覺得很成功，但是在你整個生命之輪中，它只是六分之一，你只有 16.666% 的成功。

(3) 家庭和天倫

這是人生中最重要的一部分。有的人雖然賺到了錢，但以遠離家人作為代價，沒有親情，自己感受不到親人的溫暖，很孤獨，到最後也會覺得有缺憾。我們在事業上成功了，但是我們不能夠盡我們的孝心或者享受我們的親情，我們的成功也不會圓滿。

(4) 精神和道德

一個人再富有，但沒有道德、沒有良心、沒有尊嚴，那也是一種悲哀。我們社會現在呼籲做人的道德，修養不夠的老闆是對員工、對社會的負面因素。

(5) 社交和文化

這一方面，更值得我們探討。有的時候高處不勝寒，我們在事業上成功了，但朋友卻少了，有時候心裡話不知道跟誰說了。

社會學家統計，人在一生的交際圈當中，基本交際人群數量為 250 人，但只有 50 人對你的影響至關重要，因為成功

第三章　創造財富的第一步：個人定位與財富夢想

影響成功。下面給大家介紹 10 種必交之人。

A 激勵你，能經常讓你看到自己的優點、成績，保持樂觀情緒。

B 提醒你，處處能讓你一分為二地看待自己，指出不足，保持清醒的頭腦。

C 維護你，在別人貶低、損毀你的時候，大膽維護你，在別人面前經常稱讚、頌揚你。

D 和你思維模式、性格愛好相投，如有孝心，有愛心，對人有熱心，辦事有責任心，克服困難有恆心，交友有顆赤誠的心。

E 能把你推薦給別人，介紹給選賢任能的、可信任的上司以及志同道合的朋友。

F 能讓你全身心地放鬆，關心你的冷暖、娛樂、健身、生活，不在你疲憊時新增壓力、包袱、困難。

G 能讓你有機會接受新鮮事物、新思想、新觀點，讓你充實，進取，保持良好的心態。

H 能在你需要的時候，幫助你理清工作思路，分析解決生活中煩心的事情。

I 有了好消息總是在第一時間想起你、告訴你，與你分享，而你也把他作為分享和傾訴的首選對象。

J 當你遇到困難和挫折時，能安慰你，幫你調整心

態,拿出解決辦法,伸出援助之手,幫你渡過難關。

(6) 思維和教育

思維模式是創造財富的一個基礎平臺,教育會影響人的一生,改變人的思維模式。

總之,唯有六個方面都圓滿,你的生命才會感到充實、快樂、幸福和有價值,任何一個方面有缺陷,都不足以達成圓滿。這就是為什麼很多人有錢但不快樂的原因。

那麼,對於以上六個人生目標組成的生命之輪,我們靠什麼推動呢?我覺得推動生命之輪最重要的就是夢想。

1. 夢想的三個層次

(1) 做什麼

我記得自己小時候,老師問我們長大要做什麼,我們那一代人的回答是長大要當科學家、老師、軍人。那個時候我們談夢想,局限於做什麼。「做什麼」是夢想的第一個層次。

(2) 得到什麼

夢想的第二個層次是「得到什麼」。

我們從學校畢業時,期望能有一份好工作,好工作找到了,做了幾年,我們還是不快樂,為什麼?因為你今天做什

第三章　創造財富的第一步：個人定位與財富夢想

麼，並不意味著得到什麼，你可能做了這個職務，但沒有得到你想要的東西。

再後來，我們得到了這個東西，我們還是覺得不快樂，因為得到什麼並不意味著你成為什麼樣的人。比如說得到了一個漂亮老婆，但還是不快樂，因為，漂亮的人有好人，也有壞人。再比如，有的人得到了BMW、賓士，但是開BMW、賓士的人有富人，也有窮人，有的人開了輛BMW、賓士，但那是他唯一的資產，而且欠了幾百萬元的債。

(3) 成為什麼樣的人

人生有兩種幸福，第一種是在生活中得到愛與被愛，第二種是做自己愛好的事業並作到極致。所以成為什麼樣的人才是我們追求的終極目標。

2. 我們應該怎麼活

我們要系統地思考自己的人生，要先想你要成為什麼樣的人，你要得到什麼，最後才是你要做什麼。這就是「倒著活」。只有倒著活的人生，才是快樂圓滿的人生。如果不這樣想的話，我們30歲之前一直忙於做什麼，30歲到50歲，才想我要得到什麼。現在30歲到50歲的人，每天非常忙，想獲取一些東西，最後到50歲之後才想：這一生要成為什麼樣的人，這時候才發現在之前丟掉了很多東西，在這個過程中

失去了平衡，但為時已晚。

我們一生是活三次的，第一是要靠想像活一次，第二是要實際經歷一次，第三是要靠回憶活一次。25歲之前我們只要靠想像來活，那時候我們有很大的夢想，我們想成功，想有所作為，想要擁有自己的生意、自己的企業。從25歲到50歲，我們靠實際經歷來活，那個時候我們走向社會，我們進到一些企業，我們不斷地打拚。50歲之後我們靠回憶來活。

3. 夢想成真的法則

那麼，我們如何實現自己的夢想呢？

(1) 和一群有夢想的人在一起

夢想是你個人成長系統當中一個非常重要的層面，不管你的角色如何，都要有夢想。想要實現你的夢想，首先要和一群有夢想的人在一起。為什麼要和有夢想的人在一起？因為成功影響成功，成功激勵成功。當今出現了很多社交圈文化或俱樂部。很多人喜歡與一些企業家一起聚會，這些就是所謂的「人腦聯網」。企業家也是一個特殊的族群。此外，當你和一群有夢想的人在一起的時候，他們會保護你的夢想。有的時候，保護夢想比擁有夢想更重要。

第三章　創造財富的第一步：個人定位與財富夢想

(2) 把大夢想變成小目標

例如，我的夢想是成為第一名的演說家，這是一個非常大的夢想，那如何把這個夢想變成目標呢？首先，要寫出成為一流演說家必須具備的條件，這些條件就是你未來規劃的階段性目標。這些目標再往下分解，就變成了更小的目標。這就像「剝洋蔥」，不斷尋找完成目標的條件，然後將條件再轉化為下一級目標。所以，要實現目標，你必須學會分解目標。

此外，要達成目標，好的目標設定很重要，目標設定至少有三個變數：

A. 數字

這是目標的第一個變數。你企業的目標是什麼，這個目標要展現在數字上。

B. 時間設定

大家都知道要賺多少錢，或者企業發展成什麼樣子，那麼，我們多久能賺到這個錢？很多人說越快越好。這也實現不了，因為時間不明確。我們要定期限，我們要為某一個有數字的目標制定一個具體完成的期限，甚至要寫下來在哪年哪月哪日之前完成它，寫下來才有效果，而且要寫最後期限。

C. 要有承諾

「張三，你這個月打算做多少？」

「200，開什麼玩笑，人家都做 400 了，你還做 200。」

「那我做 240。」

「240，人家做 400 了，你還好意思講 240。」

「那我 250。」

「還 250，你還真是個 250。」

「那不然我就做 280。」

「好，280 是你講的，大家都聽見了，你做 280。」

這就是承諾。讓他自己講出來做 280，到時候他想後悔都來不及，而且到了月底，他做不到 280，自己就會很愧疚，所以他會有意識地努力去做，承諾是金。

所以承諾很重要，很多人之所以不成功，很多企業之所以沒有達成目標，是因為老闆、管理層不承諾。有的人雖然有承諾，但仍不成功，那是因為他承諾的時候，他的價值觀是矛盾的。他想要的東西和他願意做的東西是矛盾的，他想要這個結果，但又不想為它付出。

第三章　創造財富的第一步：個人定位與財富夢想

夢想成真的途徑

我們有了夢想和目標，如何使自己夢想成真，有什麼好的途徑嗎？答案是有的。那就是了解自己的性格，發現自己的天賦，找對合適的位置，然後去努力。

人們常說：一個人放對了地方就是人才，放錯了地方就變成蠢材。在外部條件給定的前提下，一個人能否成功，關鍵在於能否準確辨識並全力發揮其天生優勢——天賦和性格。

人際關係、努力、教育等都很重要，但都不是成功的關鍵。只要你辨識和接受自身的天賦和性格，配以必要的知識和技能，而且尋找需要你所具備天賦和性格的職業，持續地使用它們，並堅持下去，就有望成功，有望建立幸福的人生。這就是世界著名的「優勢理論」，被稱為「成功第一定律」。

什麼是優勢？優勢＝天生優勢＋後天優勢＝（天賦＋性格）＋（知識＋技能）

天生優勢是遺傳和早期教育形成的。一個人到十七八歲

就基本定型了,也就是說其天賦和性格基本形成了。一旦形成,很難改變。

每個人都有自己的天賦,就如同每個人都有自己的性格一樣。天生優勢是先天的,而後天優勢可以透過學習和實踐而獲得。所以,天生優勢是一個人優勢的關鍵。例如,作為業務員,你能夠學會如何介紹你的產品特性(知識),甚至能學會問恰如其分的問題來了解每個潛在客戶的需求(技能),但你不一定能在恰到好處的時刻以恰到好處的方式,推動這位潛在客戶掏錢購買,因為後者是一個人的天生優勢。

職業規劃專家認為:優勢理論著眼的是職業的策略問題,職業定位就是解決一個人職業發展的策略問題。從策略上,你要選擇適合你的性格(本我),並能最多地用到你的天賦優勢的職業,也就是揚長避短,只選擇能充分發揮性格、天賦優勢的職業,避開會用到自己性格、天賦弱勢的職業。選定了適合自己的目標職業後,再看要在這個職業上取得成功,需要彌補哪方面的短處,改善哪方面的弱點,這就是一個戰術層面的問題。

每個人在他的天賦方面學習進步最快,成長空間、潛力最大,能夠獲得的成就也最大。所以,與其把時間精力放在克服弱點上,不如把重點放在發揮天賦上。成功的職業之道

第三章　創造財富的第一步：個人定位與財富夢想

就是最大限度地發揮優勢，控制弱點，而不是把重點放在克服弱點上。

我們從小受的教育就是只要刻苦努力就能成功。印象最深、影響最廣泛的包括小學課本中寫的愛迪生的名言：「天才就是1%的靈感，加上99%的汗水。」現在連一些老一輩的學者都扼腕嘆息的是——愛迪生的話當年被人為地去掉了後半句，以致誤導了多少學子！這後半句是：「但那1%的靈感是最重要的，甚至比那99%的汗水都要重要。」愛迪生的這句話是1929年2月11日在他82歲生日時，在記者招待會上說的。當時也有記者解釋成「關鍵是努力」，為了消除這一誤解，愛迪生後來進一步解釋說：「如果擁有百分之一的靈感，可以引發更高的智慧，經過努力，就能夠結出碩果。如果沒有靈感，再努力也是白搭。」

親愛的朋友，你已經知道了天賦和性格的重要性，那如何找尋與你的天賦本性相匹配的職業呢？很簡單，根據以下九個方面的天賦能力去找尋自己的職業：

(1) 語言智慧

這種智慧主要是指有效地運用口頭語言及文字的能力，即聽說讀寫能力，表現為個人能夠順利而高效地利用語言描述事件、表達思想並與人交流的能力。這種智慧在作家、演

說家、記者、編輯、節目主持人、播報員、律師等職業上有更加突出的表現。演講大師這方面的天賦極高。

(2) 邏輯數學智慧

從事與數字有關的工作的人尤其需要這種有效運用數字和推理的智慧。他們學習時靠推理來進行思考，喜歡提出問題並執行實驗以尋求答案，尋找事物的規律及邏輯順序，對科學的新發展有興趣，對可被測量、歸類、分析的事物比較容易接受。數學家、物理學家、化學家具備這樣的天賦。

(3) 空間智慧

空間智慧強調人對色彩、線條、形狀、形式、空間及它們之間關係的敏感性很高，感受、辨別、記憶、改變物體的空間關係並藉此表達思想和情感的能力比較強，能準確地感覺視覺空間，並把所知覺到的表現出來。這類人在學習時是用意象及影像來思考的。空間智慧可以劃分為形象的空間智慧和抽象的空間智慧。形象的空間智慧是畫家的特長，抽象的空間智慧是幾何學家的特長。建築學家對形象和抽象的空間智慧都擅長。

(4) 肢體運作智慧

這種智慧是善於運用整個身體來表達想法和感覺，以及運用雙手靈巧地生產或改造事物的能力。這類人很難長時間坐著

不動，喜歡動手建造東西，喜歡戶外活動，與人談話時常用手勢或其他肢體語言。他們學習時是透過身體感覺來思考。運動員、舞蹈家、外科醫生、手工藝人都有這種智慧優勢。

(5) 音樂智慧

這種智慧主要是指人敏感地感知音調、旋律、奏和音色等的能力。這種智慧在作家、指揮家、歌唱家、樂師、樂器製作者、音樂評論家等都有出色的表現。

(6) 人際智慧

人際智慧，是指人能夠有效地理解別人及其關係，以及與人交往的能力，包括四大要素：①組織能力，包括族群動員與協調能力；②協商能力，指仲裁與排解紛爭能力；③分析能力，指能夠敏銳察知他人的情感動向與想法，易與他人建立密切關係的能力；④人際連繫，指對他人表現出關心，善解人意，適於團體合作的能力。

(7) 內省智慧

這種智慧主要是指認知到自己的能力，正確掌握自己的長處和短處，掌握自己的情緒、意向、動機、欲望，對自己的生活有規劃，能自尊、自律，會吸收他人的長處。這類人會從各種回饋管道中了解自己的優劣，常靜思以規劃自己的人生目標，愛獨處，以深入自我的方式來思考，喜歡獨立工

作，有自我選擇的空間。這種智慧在政治家、哲學家、心理學家、教師等人都有出色的表現。人際智慧和內省智慧合起來，就是我們說的情商。

(8) 自然探索智慧

能認識植物、動物和其他自然環境（如雲和石頭）的能力。自然智慧強的人，在打獵、耕作、生物科學上的表現較為突出。

(9) 存在智慧

人們表現出對生命、死亡和終極現實提出問題，並思考這些問題的傾向性。

天賦是一個人技能的最基本元素，一種天賦可以適用多種不同職業。假如你有很強的空間圖形辨認力，既可以表明你有成為一名成功的畫家的潛力，也可以表明你有成為一名成功的雕刻家、建築設計師、室內設計師的潛力。空間圖形辨認力是以上這些工作所需要的技能的最基本元素。

人生想要卓越，只有發揮自己的天賦。如果你從事的職業與你的天賦很匹配，你成功的機率會增加幾十倍。如果你沒有選擇發揮自己天賦的職業，即使你很努力，但只能優秀，很難卓越。所以對自己的職業定位非常重要。

職業定位就是確定能扮演我自己的角色：符合本我，不

第三章　創造財富的第一步：個人定位與財富夢想

用經常戴著面具去迎合工作的需要，甚至可以張揚自己的個性，並最多地用到自己習慣的思維方式、行為模式。簡單地說就是「做回我自己」。

「做回我自己」就是「從事適合的職業」，它代表了五層意思：

(1) 從事「最有工作滿足感」的職業，就是每天享受工作，而不是每天厭煩上班，對從事的工作感到厭倦甚至痛苦。

(2) 從事「進步和發展最快」的職業，它最能發揮自己的天賦和性格優勢，是職業發展的最佳路徑。

(3) 從事「一生長期發展」的職業，能取得職業生涯長期的成功，而不是依賴某個偶然機會的短時間內的成功。

(4) 從事「最成功」的職業，能最大限度地發揮自己的潛力，在這個職業上能發展到很高的層次，能取得自己可以獲得的最大的成功。

(5) 從事「最有競爭優勢」的職業，與其他人競爭時有最重要的優勢——天賦和性格優勢。即使一個人有專業的優勢或經驗的優勢，但在大家都從事同樣的工作一段時間後，有天賦和性格優勢的人進步更快，在知識和技能上會逐步趕上並超過僅有專業優勢或經驗優勢的人。

自我定位：掛上自己的「招牌」

一、掛上自己的「招牌」

在一條美食街上，街的兩邊有各色的餐廳。如果你想吃川菜，你首先會進哪家川菜館？你一定會首先看哪家店掛著招牌，看了招牌後，你才會走進去。一個人在經營自己的時候，一定要知道你的「招牌」是什麼，要把你的「招牌」掛出來。

唐銘和林妃是多年的好朋友，林妃在幾年前還是一個小女孩。有一天，林妃來找唐銘：「唐銘，你有沒有客戶幫我介紹介紹？」

唐銘問：「妳現在做什麼工作？」

「我現在推銷化妝品。」林妃答。

唐銘：「那好，以後要是有這方面的人我就幫妳介紹。」當唐銘把周圍需要買化妝品的朋友名單交給林妃的時候，她告訴唐銘：「唐銘，我已經不做了。」

唐銘問：「妳現在做什麼工作？」

第三章　創造財富的第一步：個人定位與財富夢想

「我現在換工作了,在推銷電子產品。如果你有這方面的客戶幫我介紹介紹。」

過了一段時間,當唐銘向林妃介紹客戶的時候,她又告訴唐銘說:「唐銘,我已經不做了!」

唐銘:「妳怎麼又不做了?」

林妃:「我這個人做什麼事情都不成功,所以我要學習成功的方法,現在跟著一個專門研究成功學的老師學習成功學。」然後她又向唐銘推銷他們的成功學課堂,希望唐銘能幫她介紹客戶。

唐銘:「好,到時候幫妳介紹客戶。」

當唐銘把客戶介紹給她的時候,她告訴唐銘:「唐銘,跟著別人學成功學還不如自己講成功學。現在把客戶介紹給我就可以了。」

唐銘知道講課不是那麼容易的工作,於是,唐銘告訴她想先聽聽她講的課程。當唐銘想去聽的時候她又說其實當講師也不容易,她接觸到了一本書《教練》(*Trillion Dollar Coach : The Leadership Playbook of Silicon Valley's Bill Campbell*),主要說講課不是以講為主,而是以念為主,她學完之後跟著別人到外地去開課。後來課開不下去,她又回來要跟朋友一起開公司。公司開起來沒幾天,她說跟別人合作還不

如跟男朋友一起開公司。當時一天到晚發簡訊給唐銘介紹他們的產品，請唐銘幫給她介紹客戶。再後來，唐銘沒有再收到林妃的簡訊。唐銘想著她是不是又不做了？是不是連男朋友也換掉了？

2006年底，林妃突然打電話請唐銘吃飯。唐銘過去一看，果然換了男朋友。唐銘問：「你們現在做什麼事情？」

「我們現在準備做化妝品。」林妃說。

原來轉了一大圈又回到了原點。

這個時代是分工細化的時代，每個人都是社會中的一環，你必須確定好你的「招牌」。過了八年，你還沒有定位自己，還沒有掛上自己的「招牌」，你怎麼能連續成長？如果你沒有「招牌」，你如何累積成就？如果你畢業後就一直做壽險業務員，做了八年，現在你已經是經理了；如果你一直做房產經紀人，做了八年，那麼現在你可能已經成為一名店長了。

所以，年輕的朋友一定要在畢業後的三到五年內，在職業規劃中找到自己的「招牌」，把它掛起來。可能人們最開始沒有去找你，但是隨著經營時間的增長，就會有越來越多的人去找你。很多人沒有成功，是因為他沒有把所有的成功連線在一起形成人生的價值鏈。

對於企業來說，什麼是招牌？招牌就是定位，是給顧客

第三章　創造財富的第一步：個人定位與財富夢想

的印象和感覺，以及你要切的市場的這塊蛋糕。你的公司＝XX字眼。例如：麥當勞＝速食店，微軟＝軟體的霸主，Volvo＝安全。

你如何去找到一個專屬的字眼，並深入人心，這就是定位。說白了，你的定位就是你與眾不同的核心競爭力的表現。

你為什麼要買Volvo的車子？──因為它安全嘛。

你為什麼到沃爾瑪去購物？──因為它天天低價。

你為什麼買海倫仙度絲？──因為它可以去屑。

你為什麼用雲南白藥？──因為它是祖傳祕方。

對於每個人來說，「招牌」都有著個人的適用性。很多人在過去的幾年中，該掛什麼「招牌」、自己該做什麼都沒有搞清楚。當我們面對這個話題的時候，我們捫心自問，在過去的三到五年中，是否認真思考過自己想要的東西，想要達到的目標，想要掛的「招牌」。我們到底該如何經營自己？這一點，可以從兩個角度進行系統思考：

(1) 你選擇哪個產業。每一個產業都有不同的價值鏈，在這條價值鏈中，你打算做哪個環節，最後找到自己的定位。

(2) 你選擇哪個專業。如果你持續做一個專業，即使你更換公司，你的專業仍然可以保持一定的連續性。

二、依據天賦選擇你的「招牌」

每個人都是獨一無二的,每個人都有自己不同的天賦。要發現自己的天賦,你必須要勇於實踐、勇於探索,在嘗試中發現自己、認識自己,不斷地反思自己能做什麼,不能做什麼,如此才能揚長避短,進而成就大事。

人成功最關鍵的因素就是發現自己的優勢能力,將它發揮到極致。怎樣發現自己的天賦呢?我幫大家介紹簡單易行的四種方法:

(1) 自我感覺法:你感覺一下自己在哪方面悟性高,特別喜歡哪方面的事情,總是一氣呵成,較容易做出成績。當你完成某件事情時,你心裡會有一種愉悅的欣慰感。你在做某件事情時,幾乎是自發地就能將其拿下。

(2) 詢問他人:多接觸朋友、同事,請他們幫助你,找到你自己的優勢。

(3) 學會思考:用智慧來發掘自己的亮點,用亮點來制定自己事業的發展目標。

(4) 心理測試:有時間找一些心理諮商師或職業指導師進行心理測試。

愛迪生從小就很愛問「為什麼」,喜歡對一個問題追根究柢地問個明白。有一次在數學課上,老師教同學們二加二等

第三章　創造財富的第一步：個人定位與財富夢想

於四，愛迪生卻發問：「二加二為什麼等於四？」就這樣，愛問問題的愛迪生經常讓老師很惱火，因此，老師有時候訓斥他，甚至打他。一段時間後，好奇的愛迪生卻成了學校中的一個白痴，被老師和同學嘲笑。後來，老師找來愛迪生的媽媽，當面數落她的兒子：「他腦子太笨了，成績差得一塌糊塗，總是愛問一些不著邊際的問題。我們教不好你這樣的兒子。」愛迪生的媽媽聽了，覺得是老師不理解兒子，問題多是因為孩子愛思考，好奇心強，求知慾旺盛。她相信兒子的智力沒有問題，而且，比別的孩子還要聰明很多。於是，她毅然對老師說：「既然這樣，我就把我兒子帶回家吧，我自己來教他。」

從此，愛迪生的母親就當起了兒子的家庭教師。對兒子提出的稀奇古怪的問題，只要她知道的，她就努力回答；不知道的，她就讓兒子去看書。當她發現兒子對物理、化學很感興趣後，就給兒子買了本《派克科學讀本》(*School of natural philosophy*)，她還勸丈夫把家裡的小閣樓改造成兒子的小小實驗室。就這樣，在這個不怕被問「為什麼」的母親的教育下，愛迪生雖然沒有在學校讀過幾年書，卻做出許多偉大的發明，為人類社會的發展做出了極大的貢獻。

愛迪生就是找對了自己的天賦，找準了屬於自己的道路

而成功的。

我們都知道木桶原理，決定木桶盛水多少的是那塊最短的木板。木桶原理用於組織和管理是通的，千萬不可用於個人發展。如果你把自己的劣勢都補齊，那你什麼都不是。作為個人，就是要發揮自己的優勢，比別人強，那才有資本競爭。生命是有限的，補足劣勢，花費時間很長，而且人的缺點往往很難克服。如果不在自己年輕時認知到自己的特長，並在自己擅長的方面去努力、去鑽研、去累積，而去做大家都在做的但自己不擅長的方面，或者花費大量的精力去補自己的劣勢，那麼也許還未完成，人生已過大半。

做自己擅長的、別人不會做的事，在相同的時間裡，自己的收穫更多，對社會的貢獻更大。自己不擅長的，社會上一般自有擅長的人去做，並非離了你不可。不要和他們搶飯碗，你也搶不過他們。也許他們也只有這一個特長，別的並不擅長。如有的能工巧匠，也許目不識丁，但工作做得漂亮，別人比不上，人們照樣喜歡他。

為什麼大城市的人們賺錢多？因為分工更細，每個人都做著自己比較擅長的事，整個社會達到完美的整合。

對個體來說，首先要讓社會認知到你的才能，這樣才有可能會將你安排到一個合適的職位。過分謙虛，不擅長表現

第三章　創造財富的第一步：個人定位與財富夢想

自己,更談不上推銷自己,都是不可行的。

其次,自己也要樂於為企業服務。你明明有某方面的才能、特長,但不願為人所用,寧願做普通人的工作,那默默無聞也怨不得別人。因為一分付出、一分收穫,做的是普通人的工作,自然也只能是得到普通人的報酬。

經營自己的「招牌」

規劃好自己最好的方法就是掛上「招牌」經營自己，經營自己就是自己當自己的總經理，經營一個「人生有限公司」。在我們的一生中，經營自己猶如經營公司，是一個連續的過程，也是一個創業和創造財富的過程。在現實生活中，絕大多數人從來沒有認真地去經營過自己。

如果我們的人生從來沒有認真地經營過，那我們的人生就猶如擺地攤，充滿無限的隨意性，毫無章法可言，隨遇而安。這樣的人生毫無經營可言，整個過程就是摸索。摸索就意味著失敗的可能性較大，成功則是偶然的。摸索是最慢的方法，系統的學習是最節約時間的方法。

在「人生有限公司」中，你的人生的產品是什麼？其實，人生總共有六大產品：信念、才能、人脈、精力、時間、背景。

一、信念

你有夢想嗎？你為你的夢想全力以赴了嗎？人生能不能成功首先在於信念，所以首先要選擇相信。只有相信，才能

第三章　創造財富的第一步：個人定位與財富夢想

全力以赴。

我們普通的人是現在進行時，失敗的人是過去完成時，而那些成功的人的思維方式是將來完成時。因為他選擇了相信，他先跑到將來去看一看，原來這就是他想要的，這就是他的未來，所以回頭在出發的時候，他心中已經有了相信，因為他已經先跑到未來，用將來完成時的方式看到了這些願景，看到了這個結局，所以即使眼前有一些障礙、挫折甚至失敗，他也會說成功已成定局，所有的障礙、挫折甚至失敗只是過程而已。

所以相信就是這樣一種力量，當你相信的時候，你就會朝著那個方向去準備。最大的障礙就是人們不相信一件事情，當你不相信一件事情的時候，這個事情不會來到你的身邊。

我們經常聽到這樣的抱怨：

「為什麼我父母不是富翁？」

「為什麼老闆沒有讓我晉升？」

「為什麼我不能受到更多的訓練？」

「為什麼我沒有得到？」

「為什麼沒人告訴我應該這樣做？」

「為什麼我不成功？」

為什麼會有這麼多抱怨？因為自己信心不足，沒有堅定的信念。一個缺乏心理正能量的人，社會是不會給他成功的機會的。怎樣才能有心理正能量呢？

1. 相信世界上無事不可為

一個人要想在市場經濟中立足，就要相信，世界上無事不可為，不要用過去的失敗景象，來判斷自己的未來。在生命的旅程中，生命本身就是一個奇蹟。

2. 做萬全的準備

很多人都渴望成功，但他們認為，成功是機遇。但我說不是。機遇是機會加準備，你準備好了沒有？你總是把別人的成功歸納在一個很簡單的機遇上，卻忽略了他做過萬全的準備。

我們需要更多的人去創業，去創造價值，你準備好了嗎？你的知識、能力、素養，準備好了嗎？如果你準備好了，那這個機遇就是你的，但就怕你沒有去做準備，人家好好工作的時候，你在馬馬虎虎地混日子；回家以後，人家在學習，而你在看電視。你把時間都用在了看電視上，那你怎麼抓住機會？

第三章　創造財富的第一步：個人定位與財富夢想

你今天的收穫就是你五年前努力和準備的結果，世界上萬事萬物都符合因果法則，付出皆有回報。

3. 全力以赴

很多時候，我們沒有成功是因為我們沒有全力以赴。一個人工作有三種狀態，第一是全力以赴，第二是盡力而為，第三是得過且過。全力以赴的人很少有不成功的。

有一個獵人帶著獵狗去打獵，這個時候，從草叢中跑出一隻兔子，這個獵人舉槍射擊，這隻兔子的腿被打傷跑掉了，然後獵人跟獵狗說你去把兔子抓回來。這個時候，兔子已經受傷，獵狗就拚命地追那隻受傷的兔子。獵人在樹底下等待成功的果實，過了好久獵狗回來了，但是並沒有抓到那隻受傷的兔子。獵人非常生氣地罵道，你是怎麼搞的，連隻受傷的兔子都抓不到，獵狗說：主人我已經盡力了，可是今天不知道為什麼那隻兔子跑得太快了，我沒有抓到牠，請主人原諒我。獵人看著獵狗疲憊不堪的樣子就原諒了牠，然後帶牠去打別的兔子。那隻兔子跑回去之後，其他的兔子看到這樣的情況，就不解地問道：那隻獵狗在後面追你，你又受傷了，怎麼可以逃回來呢？那隻兔子說：很簡單，那隻獵狗是為了完成獵人的任務，牠是在盡力而為，而我是在逃命，我是在全力以赴。

所以今天為什麼很多人不成功,是因為他們當中大多數人僅僅是在盡力而為,而從來沒有全力以赴過。

4. 絕不放棄

卡內基成功學把邱吉爾的一次演講列為世界上最有震撼意義、最簡短、最有教育意義的演講,他的演講只有一句話:「我成功的祕訣是絕不放棄!」因為邱吉爾說出了一個成功的事實——絕不放棄!生命當中沒有失敗,只有放棄,當你放棄了,你就失敗了。

除了樹立堅定的信念外,我們還要了解哪些地方會阻礙我們的成功,我歸納出以下四點:

1. 觀念不對

看問題的角度不同,就會有不同的眼界,而一個人的眼界直接決定了他的前途。

三個工人在砌一道牆,有人過來問他們:「你們為什麼做這份工作呢?」

第一個人沒好氣地說:「為了解決飯碗問題呀!」

第二個人笑了笑說:「我要獲得人們更多的稱讚!」

第三個人邊做邊哼著歌,他滿面笑容,開心地說:「我要建造一座美麗輝煌的大教堂。」

第三章　創造財富的第一步：個人定位與財富夢想

　　十年後，第一個人依然在砌牆；第二個人坐在辦公室裡面畫圖紙——他成了工程師；第三個人呢，是前兩個人的老闆。重複一種工作沒關係，可怕的是這樣的重複扼殺了想像力，這樣的人不可能再有大的作為。

　　觀念不同，結果不同。每一個成功者在最初都會有一個對未來的觀念，正是這些觀念使他們勇往直前地朝自己的目標前進。

2. 努力不夠

　　如果你失去了一隻眼睛會不會很難過？如果你失去了一條腿會不會很傷心？如果你兩隻手臂都失去了會不會很絕望？如果一個人同時失去了一隻眼睛、一條腿、兩隻手臂，那這個人還能不能活得下去？很多身體健全的人都會覺得這是很恐怖的事情，覺得如果是這樣就無法活下去了。可是真的有這樣不幸的人存在而且還有著我們常人不能比的精神。

　　這裡有個真實的故事，主角是一名臺東人，叫謝坤山。他在16歲的時候由於工傷事故失去了一條腿、兩隻手臂。後來又在一次事故中失去了一隻眼睛。即便是這樣，他也沒有喪失對生活的希望，而且透過自己的努力可以自理生活，他還可以用嘴巴寫字、作畫。他每年到各地演講四五百場，他用自己的經歷鼓舞了無數的人。他的一幅繪畫作品得到了廣

泛的認同和好評，他自己寫了一本十幾萬字的書，叫做《我是謝坤山》。

偉大和平庸之間只有一步之遙。成功者跌倒的次數比爬起來的次數要少一次，而平庸者跌倒的次數只不過比爬起來的次數多了一次而已。最後一次爬起來的人，人們就把他們叫做「成功者」。最後一次爬不起來，或不願爬起來、不敢爬起來的人，人們就把他們定義成「失敗者」。

3. 方法不對

有一位盲人一年四季都在四處乞討，即便這樣，他也只能勉強不餓肚子。他想，如此下去等到我不能動彈時不就餓死了嗎？一年春天，他來到一個地方，耳邊處處是歡聲笑語，突然他有了靈感，寫了一個牌子：春天來了，可是我什麼也看不見……那一天，他討到了過去一年才能討得到的飯錢。

乞丐透過正確的方法讓自己的日子前後兩重天，這個故事告訴我們，方法可以改善生活。古人云：「一天思考周到，勝過百天徒勞；一次深思熟慮，勝過百次草率行動；一個善於思考的人，才是力大無邊的人。」就像上例中的乞丐一樣，原先他不思考，只能確保自己不挨餓，可是換了方法後，他「討到了過去一年才能討得到的飯錢」。方法在於思考，在於學習。

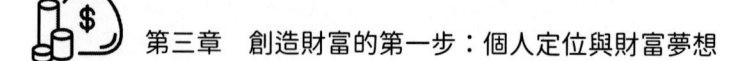

第三章　創造財富的第一步：個人定位與財富夢想

4. 自我設限

科學家做過一個有趣的實驗，他們把跳蚤放在桌上，一拍桌子，跳蚤迅即跳起，跳起的高度均在其身高的 100 倍以上，堪稱世界上跳得最高的動物！然後在跳蚤頭上放一個玻璃罩，再讓牠跳，這一次跳蚤碰到了玻璃罩。連續多次後，跳蚤改變了起跳高度以適應環境，每次跳躍總保持在罩頂以下的高度。接下來逐漸改變玻璃罩的高度，跳蚤都在碰壁後被動改變自己的高度。最後，當玻璃罩接近桌面時，跳蚤已無法再跳了。科學家於是把玻璃罩開啟，再拍桌子，跳蚤仍然不會跳，變成「爬蚤」了。

跳蚤變成「爬蚤」，並非牠已喪失了跳躍的能力，而是由於一次次受挫學乖了，習慣了，麻木了。最可悲之處在於，實際上當玻璃罩已經不存在時，牠卻連「再試一次」的勇氣都沒有了。玻璃罩已經罩在了潛意識裡，罩在了心靈上。行動的欲望和潛能被自己扼殺！科學家把這種現象叫做「自我設限」。

很多人的遭遇與此極為相似。在成長的過程中尤其是幼年時期，遭受外界（包括家庭）太多的批評、打擊和挫折，於是奮發向上的熱情、欲望被「自我設限」壓制封殺，沒有得到及時的疏導與激勵。既對失敗惶恐不安，又對失敗習以為

常，喪失了信心和勇氣，漸漸養成了懦弱、狹隘、自卑、孤僻、害怕承擔責任、不思進取、不敢打拚的性格。這樣的性格，在生活中最明顯的表現就是隨波逐流。

你認為自己是流浪漢，你只能做流浪漢；你認為自己只能做保全，你永遠都是保全。許多事關鍵在於你的認定。一個人到處自我設限，那這個人就與囚徒一樣，將不可能前進。

二、才能

人生有限公司提供的第二個產品便是才能。一個人沒有能力，是承擔不了重要的責任的。

能力的發展隨年齡增長而變化，具有一定的規律性：

(1) 童年期和少年期是某些能力發展最重要的時期。從三四歲到十二三歲，智力的發展與年齡的增長幾乎等速。以後隨著年齡的增長，智力的發展呈負加速增長：年齡增加，智力發展趨於緩和。

(2) 人的智力在 18 到 25 歲達到巔峰（也有人說是 40 歲）。

(3) 成年是人生最漫長的時期，也是能力發展最穩定的時期。成年期又是一個工作時期。在二十五六歲至四十歲之間，人們常出現富有創造性的活動。

第三章　創造財富的第一步：個人定位與財富夢想

(4) 能力發展的趨勢存在個體差異。能力高的發展快，達到高峰的時間晚；能力低的發展慢，達到高峰的時間早。

能力的獲得只有四種途徑：讀萬卷書，行萬里路，閱人無數，名師指路。

1. 讀萬卷書

累積知識比累積金錢更重要。知識就是經濟，當你掌握了某一領域的知識，成為某一方面的專家，你的財富和地位就會不同尋常。

猶太人是世界上最富有的民族，他們為什麼富有，這與他們的學習力教育有很大的關係。猶太人的孩子在 1 到 3 歲時，父母就讓他們看書，怎麼看？在書上塗上蜂蜜，讓孩子用舌頭舔，孩子感到很甜，從潛意識裡就認為書是個好東西，長大了就愛上了書。

猶太人的孩子到 13 歲左右一般必須學習一本書叫《塔木德》(Talmud)，這裡面講了很多啟發智慧的故事。

在成功之前，一個人要積蓄足夠的力量，這就是易經上講的「君子藏器於身，待機而動」。在商業領域也是如此。那些學識淵博、經驗豐富的人，比那些庸庸碌碌、不學無術的人，成功的機會更大。

許多天賦很高的人，終生處在平庸的職位上，導致這一

經營自己的「招牌」

現狀的原因是不思進取。而不思進取的突出表現是不讀書、不學習，寧可把業餘時間消磨在娛樂場所或閒聊中，也不願意看書。也許，他們對目前所掌握的職業技能感到滿意了，意識不到新知識對自身發展的價值；也許，他們下班後很疲倦，沒有毅力進行艱苦的自我培訓。

一個初出茅廬的青年，要隨時隨地注意本業的門道，而且一定要研究得十分透澈。在這一方面，千萬不能疏忽大意，不求甚解。有些事情看起來微不足道，但也要仔細觀察；有些事情雖然有困難險阻，但也要努力去探究清楚。如能做到這一點，你就能清除事業發展道路中的一切障礙。

我們常聽到別人抱怨薪水太低、運氣不好、懷才不遇，卻不知道抱怨自己學習力不夠，儲備的知識與智慧不足。今後一切可能的成功，都要看他們今日學習的態度和效率。世界上沒有不公平的待遇，只有不公平的能力；沒有不公平的能力，只有不公平的學習。

2. 行萬里路

「行路」理解為在實踐中學習。把「讀書」與「行路」關係做個比喻：「讀萬卷書」好比人們透過一個視窗看到了知識和能力的金山，但要想真正得到這座金山，還要靠走出門去「行萬里路」。

第三章　創造財富的第一步：個人定位與財富夢想

「行路」就是要歷練自己，增長才幹。只有實踐才能造就人、改造人，人的能力都是在實踐中成就的。實踐，它能夠充分地檢驗你的才能和知識水準，使你的不足之處不斷暴露出來，你才會有進步。

3. 閱人無數

什麼是閱人？它側重的是知道該去看些什麼、聽些什麼，具有好奇心及耐心去搜集重要的資訊，並從一個人的外貌、肢體語言、聲音和行為上歸納出一套模式。

要想成功，就需與人打交道，所以我們要不斷地了解人，知道別人的需求。這就需要閱人無數，透過與人的互動去累積經驗，提升自己的影響力。

閱人是人際關係中一項最基本的技巧，無論你是誰，無論你在生活中扮演著什麼樣的角色，如果你不能精於此道，就會常常毫無知覺地陷入一個又一個人際關係的「圍城」之中，成為眾矢之的；同時，由於你的不善「設防」，你也會成為他人眼中的「透明人」，因缺乏神祕感而無法占到先機。

專業經理人需閱人，他要從合作者的動作中判斷其誠意，從下屬的辦公用品擺放中辨識其工作態度；不停地面對陌生面孔的業務員需閱人，他可以一進客戶的辦公室就掌握談判的主動權，也能讓最難纏的顧客買下他的商品；白領階

層需閱人，他可準確無誤地辨識上司的意圖和同事的真實想法，並不費吹灰之力地擊敗競爭對手；找工作的人或初入職場者需閱人，他可冷靜地評斷未來的老闆是否適合自己，也會快速適應全新的工作環境。

閱人，從而了解人、熱愛人，並防範和制伏那些不懷好意的人。這不僅將使你成為更有影響力的老闆、更有進取精神的員工，而且會使你變得更加從容，更加機警，更加練達。

4. 名師指路

能夠稱得上名師者，一定是閱歷豐富之人，一定是在某些方面頗有建樹之人，一定是在社會上享有盛譽之人。如果在人生旅途中你能夠得到名師的指點，你想不成功都難。

那麼如何尋找到名師呢？又如何能讓名師看得上呢？我自己的心得是：名師就在我們的生活當中，就在我們的身邊。「人生處處為我師」，那些比我們年長、經歷比我們豐富的人都是我們要尋找的名師。名師其實也是很孤獨的，他也需要被人賞識，被人尊重。因此，只要我們能夠積極主動，抓住一切機會，虛心求教，名師往往也不會拒你於千里之外的。

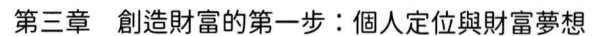

第三章　創造財富的第一步：個人定位與財富夢想

三、人脈

　　人生有限公司的第三個產品是人脈。我們要經營好我們的人脈，使人脈朝我們預期的方向發展，促進人生目標的達成。

　　有句話是這樣說的：「一個人能否成功，不在於你知道什麼（What You Know），而是在於你認識誰（Who You Know）。」如果說，亞洲人一生都在努力建立靠得住的關係，大概並不為過。佛經上也說：「未成佛道，先結人緣。」

　　緣分成就人生，你這輩子能取得什麼樣的成就，關鍵是你遇到怎樣的一群人。有一天，一個名叫弗萊明的貧苦農夫正在田地裡做事。忽然，附近沼澤裡傳來呼救聲，農夫急忙放下手中的農具，奔向沼澤地。只見一個小孩正在泥潭中掙扎，淤泥已沒到他的腰部。農夫奮不顧身地救起了小孩。第二天，一輛豪華小汽車停在了這個農夫勞作的田邊，一位風度優雅的英國貴族下車後，自我介紹說是被救小孩的父親，他是親自前來致謝的。農夫說，這件事不足掛齒。

　　貴族說：「我想用一筆酬金來報答你，你救了我孩子的命。」農夫回答說：「我不要報答，我不能因為做了一點事情就接受酬金。這是我應該做的。」

　　這時，農夫的兒子剛好走出家門。「這是你的兒子嗎？」貴族說：「我提一個建議，讓我把你兒子帶走，我要給他提供

最好的教育。如果他像他的父母，他一定能成為令你驕傲的男子漢。」農夫同意了。

時光飛快地流逝，農夫的兒子從醫學院畢業後，成為享譽世界的醫生。數年以後，貴族的兒子因肺炎病倒了，經過注射青黴素，他的身體得到了痊癒。

那個英國貴族名叫倫道夫·邱吉爾（Lord Randolph Churchill），他的兒子便是在「二戰」期間擔任英國首相，領導英國人民戰勝了納粹德國的邱吉爾首相。農夫的兒子就是青黴素的發明者亞歷山大·弗萊明（Alexander Fleming）。這件「不足掛齒」危機結緣的事情改變了世界歷史。

對於個人來說，專業是利刃，人脈是祕密武器，如果光有專業，沒有人脈，個人競爭力就是一分耕耘，一分收穫，但若加上人脈，個人競爭力將是一分耕耘，數倍收穫。

史丹佛研究中心曾經發表一份調查報告，結論指出：一個人賺的錢，12.5%來自知識，87.5%來自關係。有人總結說：對於個人，二十歲到三十歲時，是靠專業、體力賺錢；三十歲到四十歲時，是靠朋友、關係賺錢；四十歲到五十歲時，是靠錢賺錢。由此可知人脈競爭力的重要性。

人脈如此重要，我們如何經營呢？經營人脈有以下六大原則：

第三章　創造財富的第一步：個人定位與財富夢想

1. 關鍵人脈原則

「80／20 法則」告訴我們，要抓住那些決定事物命運和本質的關鍵少數。我們必須對影響或可能影響我們前途的 20% 的貴人花費 80% 的時間、精力和資源。

2. 創造機會原則

知己難逢，我們最好擴大交友的範圍，然後由疏而親，由淺及深，在眾多的朋友中尋覓知己。如果你吃苦上進，有積極的企圖心，但還是不能達到你想達到的成就，那你真的應該去找一位現在仍然活躍在你這一行的資深前輩，設法與他建立長期的關係，並且向他尋求協助。不妨經常參加一些培訓班或研習會，任何會議、培訓課程、交流會都坐到前面去，並且勇於提問，勇於發言。

3. 主動出擊原則

人脈不是被動擁有，而是主動出擊。人際關係的起點是讓別人記住你的名字。千萬別猶豫當個首先開口說話的人，要主動介紹自己，說出自己的名字。要主動付出，要比別人付出更多。每天問自己，今天我為別人做了什麼，為別人付出了什麼？

4. 自我價值原則

沒有誰願意主動來找你,除非你有與眾不同的地方。因此,你要發揮你的一技之長,讓別人尊重你的價值。每個人要建立自己的價值觀,把自己的價值觀發散出去造成一種磁場,頻率相同的人自然會被吸引過來。

5. 感情加深原則

毫無誠意的點頭之交等於零,人脈需要長時間的累積和沉澱。因此,需要想辦法不斷加深朋友之間的感情。例如,分享一些小祕密,不傷大雅的小祕密有時可以拉近與別人的距離。越是功成名就的人,就越喜歡別人說起他小時候的趣事,如偷地瓜、抓魚、下水游泳等,或者共同參與有興趣的休閒活動,如郊遊、運動等。

6. 持續維護原則

一個人值不值得你信賴,既不要看面相,也不要看生辰八字,那都是不可靠的,只有一件事情最可靠,就是從考驗中得來信任。因此,人脈需要長時間的不懈維護。人生最愚蠢的事情之一就是:「忙」得沒工夫連繫朋友。建立「關係」最基本的原則就是:不要與人失去連繫。

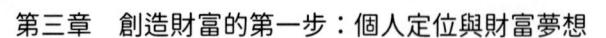

第三章　創造財富的第一步：個人定位與財富夢想

四、精力和時間

人生有限公司提供的第四、第五個產品就是精力和時間。如何經營自己的精力和時間，讓我們過得有價值、有意義呢？這就涉及目標管理。

1. 目標的威力

哈佛大學有一項非常著名的關於目標對人生影響的追蹤調查。對象是一群智力、學歷、環境等條件都差不多的年輕人，調查結果顯示：

27% 的人，沒有目標；

60% 的人，目標模糊；

10% 的人，有清晰但比較短期的目標；

3% 的人，有清晰且長期的目標。

25 年的追蹤研究結果顯示：那些占 3% 的人，25 年來幾乎不曾更改過自己的人生目標，他們都朝著同一個方向不懈地努力，25 年後，他們幾乎都成了社會各界的頂尖成功人士。那些占 10% 的人，大都生活在社會的中上層。他們的共同特點是，那些短期目標不斷被達成，生活狀態穩步上升，成為各行各業的不可或缺的專業人士，如醫生、律師、工程師、高級主管等。那些占 60% 的人，幾乎都生活在社會的

中下層,他們能安穩地生活與工作,但都沒有什麼特別的成績。剩下 27% 的是那些 25 年來都沒有目標的人群,他們幾乎都生活在社會的最底層。他們的生活都過得很不如意,常常失業,靠社會救濟,並且常常都在抱怨他人,抱怨社會,抱怨世界。

調查者因此得出結論:目標對人生有巨大的導向性作用。成功,在一開始僅僅是自己的一個選擇。你選擇什麼樣的目標,就會有什麼樣的成就,有什麼樣的人生。

2. 對目標的期望強度

人人都想成功。然而為什麼有的人確立目標後一個一個都能達成?而另外的許多人確立目標後,卻常常達不成?

儘管每一個人都會有自己所期望的目標,但是「期望強度」是不一樣的。讓我們以百分比來表示期望的強度值。下面就是一個期望強度自我檢查對照表。

表 3-1 期望強度自我檢查對照表

期望強度	定義	表現特徵	結果
0	不想要	一種情況是真的不想要,另一種情況是找藉口	當然得不到

第三章　創造財富的第一步：個人定位與財富夢想

期望強度	定義	表現特徵	結果
20%～30%	想要	空想、白日夢、隨便說著玩玩、只說不練、不願付出、不知從何開始、自己都不敢相信會變成現實	很快就會忘記自己曾經還這樣想過
50%	想要	有最好，沒有也罷，努力爭取一陣子，三分鐘熱度、一有困難就退縮、幻想怎麼不付出代價，就能得到	十有八九不成功
70%～80%	很想要	確實是他真正的目標，但似乎決心不夠，尤其是改變自己的決心不夠，等機遇，靠運氣成功、假使做不到，轉而自我安慰，曾經努力過，也算對得起自己、很快就會換一個目標	有可能成功，因為運氣成功，也因為運氣失敗
99%	非常想	潛意識中那一絲放棄的念頭，決定他在關鍵時刻能不能排除萬難、堅持到底直到成功，對其而言，也許付出100%的努力比達不到目標更痛苦	第99步放棄與第1步放棄就結果而言沒什麼差別
100%	一定要	不惜一切代價，不達目的死不休、不成功便成仁、沒有任何退路，達不到，後果更加嚴重，達不到比死還難受	他一定有辦法得到

現在，寫下一個你的目標，對照表 3-1，自問：我有多想要？看看結果再自問：我能得到嗎？一個人成功的機率有多高，取決於他的期望強度有多大。反過來，如果一個人對目標的期望強度不是很大，他承受的壓力就不會太大，同時他成功的機率相應也就比較小。

3.「為何」比「如何」更重要

「為何」常常比「如何」更重要。

一般情況下，人們都在研究「如何」達成目標，例如，如何賺到大錢。可是，一段時間後，當他遇到瓶頸時，他會自我寬慰何必把自己弄得那麼辛苦，要那麼多錢幹麼？開始，他就不知道自己「為何」要賺大錢，一旦遇到困難，他就會選擇放棄。

行為科學研究結論表明，人不會持續不斷地做自己都不知道為什麼要做的事情。

每定下一個目標，尤其是有挑戰性的目標，請務必列出「為何」要實現它的 10 條以上的理由或好處。而且「好處」越多越好，越清楚越好。對你沒有「好處」的目標，你的潛意識會認為沒有必要為它做太多的犧牲。這也就意味著它被實現的可能性已經不大了。

幾年前，當「我」還是一貧如洗的時候，就曾給自己定下

第三章　創造財富的第一步：個人定位與財富夢想

一個「偉大的目標」：三年之內，一定要成為「知名講師」。為此，「我」曾寫下了 10 條「理由」，即達成該目標將會給我帶來的 10 項好處。現摘錄如下，供你參考：

(1)　還清欠債。

(2)　可以買房子，使生活安定下來。

(3)　可以把年屆七旬的母親接到身邊來安度晚年。

(4)　成為一個能給妻子有生活安全感的丈夫，並以此報答她多年來在我最困難的時候堅定不移地給我的支持。

(5)　有能力幫助家人，以報答他們多年來無怨無悔地給予我的支持、鼓勵、寬容與信任。

(6)　可以讓孩子一出生就能在安定的環境中成長。我有責任不讓他一出世就被迫跟我一起過動盪的生活。

(7)　可以買一輛汽車。提高工作效率的同時，可以讓我在閒暇時間出門兜兜風。

(8)　可以兌現我曾經做出過的另外幾個承諾。

(9)　可以不讓曾經支持過我的許多朋友、師長、上司失望，並以此證明他們對我的信心是有遠見的。

(10)　可以證明我言行一致。我會按照自己教給別人的方法去做，而且證明它是對的，因為我能做給他們看。

「我」真正如期達成了我的目標，因此，以上所有的樂趣

經營自己的「招牌」

我都在享受。我常對自己說：成功有如此多的好處，成功有如此多的樂趣，為什麼不要成功？「我」做得到，你也一定能做到！

現在就試著寫下一個「偉大」的目標，然後，像我一樣為該目標列出你的「10 條」，並且盡量使每條都能讓自己心動。

(1) _____
(2) _____
(3) _____
(4) _____
(5) _____
(6) _____
(7) _____
(8) _____
(9) _____
(10) _____

祝你成功！而且，我堅信，你一定會成功！

4. 你的終極目標

想像一下你 60 歲退休時，你會有些什麼成就？你的同事、朋友、家人會怎樣評價你？

想像一下你離開人世時，人們會怎樣評價你？

第三章　創造財富的第一步：個人定位與財富夢想

想像一下你離開這個世界 10 年、50 年，乃至 100 年後，人們是否還記得你？人們還會怎樣評價你？

記住，這些問題的答案裡面有你人生的意義，有你人生的終極目標，有你真正的夢想！

不用急著往下閱讀，靜下心來，花一些時間，一定要試著把你「想像」的答案寫下來：

退休時，我得到的評價是：＿＿＿＿＿＿＿＿

離開這個世界 10 年後，我得到的評價是：＿＿＿＿＿

離開這個世界 50 年後，我得到的評價是：＿＿＿＿＿

離開這個世界 100 年後，我得到的評價是：＿＿＿＿

特別提示：以上的內容對你而言，絕對是價值連城。請務必寫完後，再繼續閱讀本書。否則，就算你真的讀完本書，書後面的內容再好，也不會真正改變你的一生。

5. 什麼才是一個有效的目標

夢想與目標的差別是：夢想可以非常的概括、形象，而目標則必須具體、可以量化。目標是有數學概念的。不能量化的目標，其實不能算是一個目標，充其量不過是一個想法。目標就是量化後的夢想。

在許多管理書籍中，你都能看到關於有效目標的

「SMART 原則」，即一個有效的目標，必須符合以下五個條件：

（1）Specific ── 具體的；

（2）Measurable ── 可以量化的；

（3）Achievable ── 能夠實現的（注：這裡「能夠實現的」並非是指狹義上的根據現實來定目標，而是指經過量化分析，系統評估後得出的結論）；

（4）Result-oriented ── 注重結果的；

（5）Time-limited ── 有時間期限的。

將上述五個條件再做簡化，有效目標的核心條件有三個：①具體；②量化；③時間期限。

目標具體、量化是指目標能夠描述得很清晰，具體到某個物體或事件，有具體數字呈現。例如：想買房的目標，應該具體、量化，應補充描述：多大面積、幾房幾廳、價格多少、具體位置、朝向、周邊環境要求等；想找一份好工作的目標，應補充描述：什麼叫好工作、職位是什麼、薪水多少、前途如何、公司規模、性質、文化、上班路途要求、與自己生涯規劃的關係等。

想改變自己的氣質、人際關係、身體狀況等，也可以找到相應的量化指標。描述這類目標的關鍵是先為自己找到榜

第三章　創造財富的第一步：個人定位與財富夢想

樣，可描述為「像某某一樣」。然後從榜樣的身上找到促使自己成功的量化的指標，如「像王小姐一樣有氣質」、「像張經理一樣有處處受人歡迎的個性」、「像李先生一樣懂得生活」。

時間期限是指任何目標都必須限定什麼時候完成，可具體到某年某月，甚至是某日某時某分。沒有時限的目標，即使量化得再好，也可能會使目標實現之日變得遙遙無期。因為你可能輕而易舉地為自己找到拖延、懈怠的藉口，而且不知道究竟應該用什麼行動去追求它。同一目標，達成時限是3年，或是13年，其行動計畫是完全不一樣的。

任何目標無法量化及不設定時限，都是無效目標，因為它是模糊目標。模糊的目標就像打靶時看不清靶子，你命中的機率會是多少？命中是偶然的，打不中是必然的。

五、背景

人生有限公司提供的第六個產品就是背景。所謂背景，就是環境，包括自然環境、社會環境、個人境況，也就是我們古人說的天時、地利、人和，只有這三方面都具備，才能成事。

你經營自己的人生有限公司，其實無時無刻不在塑造自己的背景。人想要成就一件事情與背景有著極為密切的關係。我們看看現階段到底為我們創造了怎樣的背景。

1. 社會環境背景

世界無時無刻不在變，正如湯瑪斯·傅利曼（Thomas Friedman）所驚呼的那樣：「在我們睡大覺的時候，世界在變……」世界真的在悄悄地發生著變化，變得似乎熟悉，又不大看得懂，充滿了與過去完全不同的機遇與挑戰：

從推銷時代，進入行銷時代；

從過剩經濟，變為豐饒經濟；

從大眾市場，進入小眾市場；

從一個點子就能救活一個企業，到系統行銷；

從業務員單兵作戰，到「大兵團協同作戰」。

市場經濟一般有三個階段：第一個階段是商品經濟，商品就是同質化的產品，無差異，大豆和大豆都一樣，商品就是放在貨架上隨時可以互相替代的。第二個階段是產品經濟，這時就開始有了個性，你的產品和我的產品不一樣，賓士和BMW不一樣，本田和豐田不一樣，每一個人都有自己的個性，這就進入了產品經濟時代。第三個階段是服務經濟時代，服務經濟大家千萬不要理解為服務態度好、微笑，不是的，是靠服務賺錢，讓服務成為我們獲取利潤的泉源，而不是免費的服務。免費的東西就無法持久。

第三章　創造財富的第一步：個人定位與財富夢想

2. 市場環境的特點

現今亞洲市場有三大優勢：

(1) 市場博大

我們來看樣幾個資料：

亞洲的電話擁有量居世界第一；亞洲的汽油、潤滑油消費量居全球第二，僅次於美國，並且直逼美國的消費量；亞洲人每人只要花不到 400 元來購買一個企業的產品，那麼這個企業馬上就會成為世界 500 強。

澳洲媒體感嘆道：「如果亞洲人每人吃一個雞蛋，可以把澳洲的雞全吃光；如果每人喝一杯牛奶，這些牛就能把澳洲的草場全吃光。」毫無疑問，亞洲市場的特點之一可以用兩個字來形容，那就是：博大。

(2) 市場不規範

「這個產業太亂，不好做。」一些企業的老闆、經理人找我諮商時，經常表現出無可奈何和信心不足。「不亂，還有你的機會？如果市場都像歐美那樣，每個產業被三五個品牌所壟斷，你還能做什麼？」

亂，恰恰是亞洲市場最大的魅力所在！

亂，恰恰是全世界所有的企業家蜂擁而至的原因！

亂，恰恰是亞洲企業家最大的機會所在！

俗話說：「亂世出英雄」、「渾水好摸魚」。為什麼？

一潭水被攪渾了，會發生什麼事情？魚就會因為水中缺氧而將頭伸出水面來呼吸，這時你就可以輕而易舉地撈魚了。如果這塘水不渾，魚就沉在水底，你就不容易看到魚。

亞洲成功的企業幾乎都是在產業混亂中起步的，世界成功的企業絕大多數都是在產業混亂或戰亂中成就的！

汽車產業如此，家電產業如此，飲料產業如此，食品產業如此，IT產業如此，金融產業如此，地產產業如此……

任何規範的環境都不利於個體特徵的發揮，不利於後來者的快速突破，所以全世界有經驗的企業家都將觸角伸到亞洲。這也正是為什麼一些外來企業在短短幾年的時間裡將亞洲市場做成其全球最大的市場的原因。所以我們能看到，日本和歐美一些企業在巨大的亞洲化妝品市場上，其產品幾乎囊括了所有的上等化妝品。

「亞洲是聯合利華發展策略中最重要的地區」，聯合利華公司總裁裴聚祿這樣闡述其對亞洲市場的重視。寶僑公司全球業務總裁克拉克（Kerry Clark）則稱，寶僑全球140多個市場中，亞洲已經位居前五位。以直銷著名的安麗公司，其價格昂貴的產品在亞洲市場年銷售額達100億美元，占安麗

第三章　創造財富的第一步：個人定位與財富夢想

全球銷售額的四分之一左右，是其全球最大的市場。也就是說，並不富裕的亞洲人消耗了數量最多的昂貴產品。

不少企業在亞洲獲得巨大的成功，首先得益於亞洲市場的混亂，並且主要得益於亞洲市場的混亂，其次才是管理。

這就是為什麼亞洲市場讓世界級企業家怦然心動的第一原因。有膽識的企業家和管理者應該透析混亂，大膽地抓住混亂的機會，在混亂的基礎上造就成功。

(3) 財富流轉加速

在亞洲，一些人在短期內靠一瓶水賣出億萬富翁，一包瓜子賣出億萬富翁，一杯牛奶賣出億萬富翁，一個網站融資融出億萬富翁……一個個活生生的例子呈現在我們面前，這些人在短期內聚攬財富的速度是前所未有的。

龐大、混亂、不均衡的市場本質，是導致財富快速流轉的根本原因。而且隨著資訊技術和資本市場的發展，這個流轉速度還將進一步加快。

亞洲這個市場已經不是一個簡單的市場了，當世界500強中的400強進入亞洲，你還能說這只是小市場嗎？亞洲市場已經成為全球性的市場，已經成為全球市場的最重要組成部分。

亞洲這個市場最具活力，最具變化，最具規模，最具成功的可能。面對這樣的機會，我們應該為自己祝賀！

在市場經濟中,我們提供怎樣的產品,我們的客戶是哪些,都要有明確的定位。你以後服務的客群是溫飽、小康、富裕哪一層次,自己想進入哪一層人群,這些都是市場目標。你想做哪一層人,在於你自己。

第三章　創造財富的第一步：個人定位與財富夢想

第四章
創造財富的第二步：
財富載體與專注一事

第四章　創造財富的第二步：財富載體與專注一事

為夢想找到最合適的載體

我遇到過很多的創業者，他們會問我很多創造財富的問題，比如一個創業者說：老師，我想開一個店。我問他開什麼店。他說想開一家服裝店。我問他為什麼要開服裝店，他的核心目標是什麼。他說他剛好有一個空房子，剛好能開一個服裝店。這就不一定是成功的載體了。你要想創造財富，有很多的方法，不一定是剛好你擁有什麼東西才做這件事情。很多人說：我剛好擁有一個廠房，擁有一塊地，所以我必須找技術，引進一個專案，這也不一定是好的方法。真正的創造財富，首先要確定你做什麼。

今天經營企業也跟做人一樣，以前我們經營企業是先有工廠、有產品，然後有行銷，然後做品牌，然後做文化，缺錢了，再去資本市場尋求解決辦法。現在按照這個程序走已經很慢了，現在經營企業、做生意是倒著做，先有四根支柱。

第一，要先有一個系統，要引進一個強大的系統，或者自己打造一個強大的系統。因為在這個世界上只有兩種生意

會有美好的未來：一個是擁有系統的，另一個是花錢購買系統的，別的生意都是輪流交房租而已，所以你先要擁有一個系統。

第二，先有一個資本。這個資本可能是自有資本、民間資本，還可能是國際資本。

第三，要有文化。文化要先建立，然後才能傳播，才能整合。

第四，先有一個品牌。

倒著做四根支柱，才搭起一個載體，讓你的夢想在這個載體中實現。所謂載體就是能滿足消費者某種需求的產品或服務。

國外有一家做空氣清淨機為主的電器品牌，它的目標是要成為家用電器當中非常有價值的一家公司。它已經做了五年了，現在想從大型的商用機和小型的商用機轉到家庭，提供家庭空氣清淨機、淨水機和其他電器。有了這個夢想之後，他們沒有急著先找自己的工廠，而是先問自己：我的這四根柱子在哪裡，系統、資本、文化、品牌。

當他們清楚之後，開始租辦公室，聘請了 50 名以上的員工。很多員工在接受訓練的時候還不得其解公司到底做什麼，甚至有的人不知道自己的具體工作，因為他們剛來，不

第四章　創造財富的第二步：財富載體與專注一事

知道是正常的,但是老闆非常清楚。董事長的夢想是:要把這個淨水機安裝到每一個家庭。願景非常清晰,並且有四根支柱。不到一年的時間,這家公司就建造了 25 家門市。

很多的創投公司來找他們,原因是這個店很有價值,甚至有人預測,如果這個店建到 1,000 家,它的價值就是 250 億元。

所以今天你的載體是什麼非常重要,要把你的夢想放到一個載體當中。在這個世界上,人想要成功,必須學會如何行銷,每個人都是行銷員,有的在行銷思想,有的在行銷衣服、物品,有的在行銷人格。行銷要成功,首先要找到行銷的載體,所謂的載體就是一種中間物質,就像衣服,你賣衣服,衣服就是載體。你憑什麼把客戶的錢裝到你的口袋裡,就是因為你提供了載體——衣服,滿足了他的需求。

一生只做一件事情

孔子在 2,000 多年以前就講「逐二兔，不得一兔」。與其做兩件不怎麼樣的事情，還不如選擇其一，竭盡全力把它做好。要想成功，就必須集中力量，把所有精力、才能都投放在最有希望成功的事業上。聚焦你最擅長做的事情，聚集你擅長的技能，發揮你的天賦，你就成功了。我們看看下面的案例：

比爾蓋茲專門研究電腦軟體，結果成了世界首富；

巴菲特專門研究股票，結果成了股票投資專家、億萬富翁；

選定自己的強項，只專注地做一件事就很容易成功。只做好一件事，就是集中精力發展，而不是多元化發展。很多人涉足很多領域，學習很多知識，其實內部很虛弱，每一項都沒有很強的競爭力。

麥可喬丹一年收入 8,000 萬美元，因為他打籃球成為世界頂尖籃球巨星，不但有固定收入，而且還有人找他拍電影，有人找他拍廣告，有人找他出書⋯⋯請問他的運動鞋需

第四章　創造財富的第二步：財富載體與專注一事

要自己買嗎？不用，耐吉公司會提供；他穿的西裝需要自己買嗎？當然也不用，別人不但免費提供，還要付他廣告費。甚至香水廠商還借喬丹的名字與肖像生產喬丹牌香水。喬丹什麼事都不用做，只要他願意提供給廠商名字與頭像，別人就送他 30% 的股份。

當記者採訪他：「請問喬丹先生，你賺這麼多錢，你每天都在想著賺錢嗎？」

「錢，我從來沒想過。」

「那你想什麼？」

「我只想一件事情，怎麼把球又準又快地投到籃框裡。」

喬丹一生只想著打球，所以天天練習。只有一天沒有練，那是他爸爸去世那天，剩下每天都練。

專注於某一件事情，哪怕它很小，努力做得更好，總會有不尋常的收穫。有一位婦女，來自農村，沒讀完小學，連說話表達意思都不太熟練。因為女兒在美國，她申請去美國工作。她到移民局提出申請時，申報的理由是有「技術特長」。移民局官員看了她的申請表，問她的「技術特長」是什麼，她回答是「會剪紙畫」。她從包裡拿出剪刀，輕巧地在一張彩紙上飛舞，不到 3 分鐘，就剪出一組栩栩如生的動物圖案。移民局官員連聲稱讚，她申請赴美的事很快就辦妥了，

引得旁邊和她一起申請而被拒簽的人一陣羨慕。

「一生只做一件事」，意味著集中目標，不輕易被其他誘惑所動搖。經常改換目標、見異思遷或是四面出擊，往往不會有好結果。目標定了很多，什麼都想做，什麼都沒有做到最好，實質是沒有打造自己的核心競爭力。我們的時間有限，精力有限，好鋼要用在刀刃上。我們不可能把所有的事情做到最好，但是我們一定可以把其中的一件事做到最好，因此，一定要專注於一件事。一個人沒有學歷，沒有工作經驗，但只要有一項特長，一處與眾不同的地方，就可能會得到社會的承認，擁有其他人不能獲得的東西。

成功者只做一件事：做深、做透、做專，做細緻、做完全、做徹底，做到盡善盡美，做成絕技，成為專家。失敗者一生做了許多事，做一件丟一件，沒有一件弄懂、弄通、弄明白，結果是什麼都懂、什麼都不會，結果是說什麼都天花亂墜、做什麼都一塌糊塗，結果是幾十年一事無成，老之將至還在尋找賺錢方法。

為什麼用一生去做一件事？因為生命有限，而事物卻生生不息、變幻莫測：一件事情從始至終會有許多問題，需要千方百計地去發現、研究、思考，想出解決問題的方法；解決問題時同樣會有許多事不懂、沒學過、沒做過，會有許多

第四章　創造財富的第二步：財富載體與專注一事

意想不到的事情發生，需要反覆地試、反覆地做、反覆地改，需要改變方法做、另換思路做、創造性地做。

做人如此，做企業也是如此。

一家乳製品集團董事長這樣評價自己：工作 29 年來，我只做了一件事：種草、養牛、擠牛奶。養牛時做的是這件事，當工人時做的也是這件事，自己創業後做的還是這件事。

在我們廠區，最醒目的標語寫的是：「聚精會神做牛奶，一心一意做雪糕。」它時時提醒我們要進行策略聚焦。

這 8 年來，無數的人向我「勸進」過，一會兒有人說這個產業好，一會兒又有人說那個產業好……面對一切誘惑，這一階段我們堅守乳業，不為所動。

不僅如此，就是在乳業裡，我們也盡可能採取聚焦策略。剛開始那幾年，我們只做六七個產品。2000 年的時候，有一次我們去參觀一家乳製品企業。在展覽室裡，陳列著四十多種產品，可謂琳瑯滿目！於是，隨行的廠長很不高興地責怪我：「你們才做六七種。」我沒說什麼。等賓主雙方在會議室裡座談的時候，那位廠長喜滋滋地說：「去年我們銷了 500 萬多元，今年的發展態勢非常好，計劃做到 2,000 萬元的銷售額！」阿彌陀佛，他 40 多個產品全年才銷 2,000 萬元，我的六七個產品那時已經銷到 2 億多了。接下來，輪到批評

我的廠長自覺難堪了。

所以，做產品，最需要講究的就是「優生優育」。生下羊，哪怕一窩也不值錢；生下虎，哪怕一隻也大有本事！

世界上舉凡成功的企業，80% 以上以一業為主。在乳製品這個產業裡，每個產品都有一個世界 500 強的巨匠在做，你如果什麼產品都想做，那麼，就意味著你與很多個世界冠軍在對打。對抗一個猶恐不勝，何況是對抗許多個專業化對手呢？

同樣的道理也展現在體育產業。試問在體育比賽上，射擊、游泳、舉重、滑冰、自由體操、籃球、足球、桌球，哪個世界冠軍不是只做一個領域的專案？至今我還沒聽說過桌球冠軍同時奪得舉重第一，或者射擊冠軍同時拔得游泳頭籌的例子。

所以，一個企業、一個組織、一個團隊，如果聚精會神只做一件事，做好的可能性就比較大；如果東也想做，西也想做，不能做到專一、專注、專業，那麼到頭來，每個領域都可能只是個二流角色，弄不好還會淪為三流、末流。

十鳥在林，不如一鳥在手。在社會化分工越來越細的今天，沒有一個企業可以做到行行通、樣樣精，同樣也沒有一個人在每個學科、每個領域都能成為專家。我們要向很多世

第四章　創造財富的第二步：財富載體與專注一事

界 500 強學習，他們就是靠賣番茄醬調味品（亨氏）、皮包（LV）、碳酸糖水（可口可樂）而成為世界 500 強，大部分的世界 500 強都是他們產業中的冠軍。

世上無難事，只怕有心人。成功的祕訣在於專注，專注也是成功者最可貴的特質！「欲多則心散，心散則志衰，志衰則思不達也」，唯有志存高遠，學會經營自己的強項，才能堅定信念和追求，做到專注和成功。

心在一藝，其藝必工；心在一職，其職必舉。只要專注於某一項事業，那就一定會做出令人吃驚的成績。一心向著自己目標前進的人，整個世界都會給他讓路。

無論做任何事，專注於自己的專長，心無旁騖地實現自己的目標，才是重中之重。一個人不會因為打翻一籃子雞蛋就一無所有，但是會因為缺乏專注而滿盤皆輸。急功近利、朝三暮四、見異思遷、心存雜念，都是成功的絆腳石和攔路虎，這些習慣會讓你輸得一無所有！

勇敢成為第一

親愛的朋友，劉德華的歌我也會唱，為什麼我唱，要到 KTV 裡付錢給老闆，劉德華唱，卻粉絲成千上萬，用麻袋收錢？因為我唱得不夠好。所以要做就做到最好，當你成為產業中數一數二的高手時，財富會隨之而來。

成龍拍電影時，各個汽車廠商主動爭取免費提供汽車的機會，讓成龍在電影裡面表演特技。成龍選中日本三菱跑車，三菱公司立刻提供上百輛新車讓成龍拍攝賽車鏡頭，成龍將車撞得稀爛，三菱也分文不取，為什麼呢？因為成龍的電影總是最賣座的電影之一。

人生中的第一次經歷總讓人最難以忘懷。第一次當爸爸或媽媽，第一次坐飛機，第一次出國，第一次賺錢，第一次賠錢等等，都是最難忘的。

這就是人類的思維模式。人們往往只知道第一，不關心第二，第一名，擁有一切！第二名，只能拾人牙慧。

第四章　創造財富的第二步：財富載體與專注一事

一、第一的力量

第一個橫渡大西洋的那個人叫林白（Charles Lindbergh），第二個橫渡的是誰？不知道。

全世界第一個登上月球的人是阿姆斯壯，那 15 分鐘後第二個登上月球的人是誰？不知道。

第一個飛躍黃河的人是柯受良，那麼第二個飛躍的是誰？不知道。

世界上最高的峰是聖母峰，第二高峰是什麼？不知道。

華盛頓是美國歷史上第一任總統，那麼請問第二任總統是誰？不知道。

原因很簡單，人們心目中只會認為第一品牌才是真正的好商品。請問，做軟體做到世界第一名的微軟會不會賺錢？當演員當到世界巨星的成龍會不會賺錢？打籃球打到世界第一的喬丹會不會賺錢？當然會！只要你是最好的，一定是最能賺錢的。

不要以賺錢為目標，也不要以出名為目標，應該以成為某個領域中的最頂尖為目標。只要成為某個領域的最頂尖的那一位，你一定會出名；只要你是某個產業的第一名，你一定會賺很多錢。

1969 年 7 月，美國「阿波羅 11 號」太空船實現了人類首次登月的夢想。第一個踏上月球表面的人——阿姆斯壯向全世界宣布：「這是我個人的一小步，卻是人類的一大步！」全球數以億計的人透過電視螢幕看到了這一激動人心的場面。

　　這個人類的偉大壯舉已經過去 40 多年了，請問你還記得第二個登上月球的美國人——阿姆斯壯的同伴嗎？

　　一般人有個錯覺，以為拿不到第一，有個第二名、第三名也不錯。如果說第一名代表的是 100 分，很多人以為第二名起碼也有 90 分，但事實上第二名能不能有 10 分都是問題。

　　為什麼？因為第一名衝出去以後，他就不需要再與別人比。他往前看，眼前是一片開闊的空間，任由他揮灑。但是在第二名與第三名、第四名之間卻會形成一個追趕群。這個追趕群裡的成員之間彼此會競爭、糾纏和拖累，他們不僅要與第一名競爭，也要與追趕群裡的其他成員競爭。最後即使他能夠掙扎著跌跌撞撞地衝出來，也只是領先了這個追趕群，再向前看的時候，第一名已經領先太遠，看不到他的影子了。

二、如何做到第一

　　如何做到第一，就是練習，練到出神入化的境界。唱歌唱得好的，月薪五萬，唱得不好的月薪五千，為什麼？是不

第四章　創造財富的第二步：財富載體與專注一事

是差別在知識、在智慧,不是,是在練習再練習。

麥可喬丹從打球開始,每天必須練兩小時。天天練,上午結婚下午練球,只有一天沒練,他爸爸去世那天。世界第一名高爾夫球選手老虎伍茲,他每天規定自己揮桿必須揮1,000次。有一次他生病,在醫院病床上起不來,他請護理師幫他拿一個小球桿,在病床上他揮了1,000次。

走差異化創新之路

一、什麼是創新

曾幾何時,大街小巷隨處可以聽見一個男子沙啞滄桑的歌聲,一夜之間,一個陌生歌手的名字──刀郎開始流傳。刀郎這位在此之前默默無聞的歌手紅了,他的專輯《2002年的第一場雪》在沒有任何宣傳的情況下瘋狂暢銷,據說盜版都賣到了800萬張,正版的保守數字在150多萬張。許多人一下子喜歡上了他的歌,認為其有男人味道、回歸生活,對其的狂熱程度絕不亞於當年的「菜市場之歌」──《心太軟》。

刀郎為什麼能如此走紅?說得簡單一點,就在於他能夠另闢蹊徑,走創新之路。

他把既有的旋律樣式作出了新感覺,「他的旋律融合進了搖滾、新疆民歌等元素,他把這一切拿捏得恰到好處,讓自己的音樂有了個性」。他背離了流行音樂的時尚模式,對底層音樂進行了深入挖掘,讓自己的歌在商業模式下存留了一點可貴的真實。他的歌是一種來自底層的聲音,從中可以看出他的創作初衷是缺少商業企圖的。一直以來,流行歌壇都忽

第四章　創造財富的第二步：財富載體與專注一事

略了底層聽眾，刀郎對自身的底層氣質進行了很好的開發，實現了平民音樂對商業歌壇的一次非典型勝利。

刀郎的音樂是將民歌的旋律融入簡單上口的流行因素，甚至再稍稍借鑑一點別人的音樂元素，這是刀郎在音樂創作上的特色。他首先翻唱老歌，讓上了年紀的人圖個懷舊。而其他類似於 PUB 歌手的滄桑的原創歌曲，則讓很多有類似經歷的人以及正處於迷茫懵懂期的十多歲的小孩子聽得有滋有味，因為這些歌傳達著一個平民的感覺——我們過得不順利，有許多的煩惱和不公，但是我們憧憬著美好的生活及真實的情感。

刀郎的走紅模式在唱片業引起的震動是巨大的，曾想把刀郎招至麾下的一位著名音樂人告訴記者，刀郎的出現對唱片業界現有的造星模式是一種反諷，「現在的唱片公司對推歌手都太技術化了，什麼樣的造型、什麼樣的音樂風格，用什麼樣的手段去宣傳，說起來人人都頭頭是道。但是我們往往忽略了一個最本質的東西——歌手最終還需靠歌聲去贏得市場」。流行音樂應該回歸到最本質的元素：簡單，好聽，深入生活，這看似簡單卻是流行音樂最高的追求。刀郎很好地回歸了這一本質，為唱片業提供了造星的另一種思路。

刀郎的成功給我很大的啟迪：一個人想要成功，想要出人頭地，就必須走一條個性化、差異化發展之路，即創新之路。

走差異化創新之路

1. 創新＝複製＋改良

什麼是創新？創新＝複製＋改良。你自己去想就很累，拿人家的過來改良就很容易，而且自己想出來的都死得很慘。有時候，在某一產業被摒棄的策略，卻可能在另一個毫無關聯的產業中具有無比珍貴的價值。

實際上全世界每個國家和社會，都在不斷地複製，沒有什麼是真正的創新，美國複製英國，英國複製法國，法國複製羅馬，羅馬複製希臘，希臘複製埃及，其實大家都是這樣抄來抄去。

人學習經驗只有兩個辦法：一是在實踐中學習自己的經驗，二是在書本上學習別人的經驗。

第一個爬上山頂的人，可能需要 24 個小時，因為他大部分時間在探路。而第二個爬上山頂的人，可能只需要 2 個小時——因為他只需要沿著前一個人發現的路走就好了。所以我們要常常學習別人成功的方法和經驗。每天學習一點點，一年下來就不得了。成功就是每天進步一點點。假如你現在的水準是基數 1，每天進步 0.01，到年底的時候，你的水準就是 3.65。一年的時間就能讓你成長幾乎四倍。三年以後，你就是三年前水準的 10 倍。

對於企業來說，商業模式創新＝複製＋改良。

第四章　創造財富的第二步：財富載體與專注一事

《哈佛商業評論》(*Harvard Business Review*)寫道：主動創新的企業成功率是 11%；跟隨模仿的企業成功率是 45%。所以李嘉誠、松下做企業都是老二哲學，都喜歡走模仿路線，不為天下先，尤其是在做大了以後，更要謹慎。杜拉克(Peter Drucker)也說：「模仿本身就是創新，模仿是創新的前提，創新是成功的關鍵。」

但問題是你怎麼去模仿？其實就是好好地利用一下你身邊的機會。

1972 年，美國民主黨代表大會提名麥高文(George McGovern)和尼克森(Richard Nixon)競選，在代表大會召開時，麥高文決定換掉副總統競選搭檔── 參議員伊高頓(Senator Eagleton)。

一個 16 歲的小夥子看到了這個畢生難逢的機會，他以 5 美分的價格買下 5,000 個已成廢品的「麥高文 ── Eagleton」的競選海報，再以每個 25 美元的價格出售這些具有歷史意義的紀念物。

雖然這位小夥子的一次創造財富行動並未帶來整個產業的革命或創新，但重要的是他專注於財富機會的態度，發掘旁人無法察覺的機會，值得讓全國的商業人士學習。這個小夥子是誰？不是別人，就是比爾蓋茲。所以大家現在看看微

走差異化創新之路

軟,微軟沒有一樣東西是自己原創的,Windows、Office 等全部是改良的,所以比爾蓋茲是個改良天才。他9歲就看完了百科知識全書,孫子兵法、周易、風水他全部研究過,微軟在矽谷時,員工很容易跳槽,搬到西雅圖就成功了,這些比爾蓋茲都研究過。所以比爾蓋茲的成功不是偶然,而是必然。

微軟是當前世界電腦軟體業的龍頭企業,特別在電腦作業系統方面是世界當之無愧的第一。在個人電腦操作方面,微軟占有整個市場 90% 以上的市場占有率。如今的微軟如此輝煌,究其發展史,我們會發現微軟的成功正是來自於它的複製和改良。

微軟的第一筆酬金來自於 DOS 系統,即磁碟作業系統。在此之前,微軟只是一個小公司,比爾蓋茲也只是一個開發小軟體的小老闆而已。

在偶然的機會下,IBM 的市場部經理找到比爾蓋茲,告訴他 IBM 即將轉型,要發展個人電腦,他們需要一個適合個人電腦使用的磁碟作業系統,並且詢問比爾蓋茲是否有這種作業系統。頭腦靈活的比爾蓋茲馬上告訴對方自己有這種作業系統,於是,兩家公司很快簽訂了合作的條約,比爾蓋茲也因此獲得了價值幾十萬美元的第一筆訂單。

第四章　創造財富的第二步：財富載體與專注一事

　　實際上，比爾蓋茲並沒有這種作業系統，但是他知道有一家小公司已經開發出了這種作業系統。於是，比爾蓋茲馬上找到那家公司，並以 7 萬美元的低價將其購買回來，稍加修改後，再轉手賣給了 IBM。

　　從此以後，微軟就擁有了一個聚寶盆。這個購買回來的作業系統很快成為世界上最優秀的作業系統，所有的 PC 主機都要使用它。

　　1986 年，比爾蓋茲參加了一個世界電腦產業的大會，在這個會議上，他看見一家名為「英文」的公司展出了以圖形為介面的作業系統。這個新產品讓比爾蓋茲膽顫心驚，暗自擔心自己的 DOS 系統會死無葬身之地。有些客戶詢問比爾蓋茲，微軟是否也已開發出了類似的產品，比爾蓋茲告訴大家因為技術還不成熟，所以，微軟暫時還沒展出，但是，明年一定能夠面世。一年之後，微軟的 Windows 產品正式問世。微軟利用強大的宣傳攻勢和低價戰術將「英文」公司趕出了江湖。

　　微軟的其他產品如 Word、Excel 等，許多都不是原創產品，但是客戶使用最多的還是微軟的產品。微軟之所以能成為電腦產品市場的世界第一，真正依靠的不是技術，而是強大的系統運作方式。

各位，很多成功人士的輝煌成就都不是源於重大的創新，而是巧妙地借用了別人的智慧，聰明地利用了自己身邊的機會。問題是很多人對這些機會充耳不聞，熟視無睹。

有一項研究報告顯示，在 61 項創新發明中，只有 16 項是由大公司發現的，其餘大部分最棒的主意來自於如你我這般的平凡人，所以創新沒有你想像的那麼難。為什麼絕大多數成功的創新會來自於你我這樣的平凡人？因為一個偉大的事業從來沒有一個偉大的開始。

新產品新市場是一種創新，新產品舊市場也是一種創新，新舊摻和也是一種創新。任何新思想、新理念、新組合、新模式、新方法、新手段、新工具，都是創新，都有可能成功！

2. 成功創新的案例

沃爾瑪的產品降價促銷組合，也是一種創新；聯合利華把洗衣粉做成方糖一樣，上面寫上衣 1 塊，牛仔褲 2 塊，大衣 3 塊，於是寶僑也開始這樣做。

看看近年來的許多白手起家的富豪基本都是按照這樣的套路在走。

日本索尼是走創新路線，日本松下走的就是模仿路線，松下模仿索尼的產品進行改良發展。所以松下說，要死先讓索尼去死。

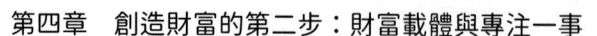

第四章　創造財富的第二步：財富載體與專注一事

　　韓國三星也是一樣，三星不是從頭研發產品，而是用錢買技術，買來以後只做一點自己的設計和修補。李健熙說，付出一億的韓元，就能以一週的時間獲得技術，硬要投入十億韓元，還必須經過三至五年的開發，那是一種浪費。付5%的技術費用沒關係，只要能知道怎麼做，締造10%的利益就好了。這就是三星的「複製＋改良」策略。

　　Zara和H&M都不是創造者，而是快速反應的模仿者。所以Zara每年消費者平均光顧其商店n次，而普通的服裝店平均水準只有3到4次。這就是他們的模仿策略。

　　外面有無窮的「創新」等著你發掘，包括市場行銷的創新、盈利模式的創新、資源的創新、系統的創新、程序的創新、產品的創新、分銷的創新，以及其他許許多多的創新。

　　湯姆·彼得士說：「在新的體制中，財富來自創新，而不是由於做得比別人更好。也就是說，不是把已知的東西做得完美就能賺錢，而是要能改良別人還不知道的部分。」

二、創新──市場細分

　　每一個人都只為部分人服務，你不可能為全民服務，所以我們對自己服務的專案、客戶都要定位。首先，你要限制你的活動範圍，是服務低收入客群，還是中產階級？是年輕的，還是年長的？對目標客戶進行清晰分類後，滿足部分人

的需要，就容易做出自己的品牌，就創新了。

有個生產雞蛋的老闆，他的目標客群是中產階級。他的雞蛋 125 元一斤，稱為 A 牌雞蛋。

他是這樣建立客戶訴求的：我的雞是散養的，每個雞蛋追溯到是哪一隻雞下的，再追溯到吃了什麼飼料。這家企業飼養的雞吃的都是優質的玉米，這些玉米都是橙黃色的，所以蛋黃的顏色非常好看。他請客戶參觀他的養雞場。他的養雞場是循環經濟的典範，雞糞出來之後是兩個結果，一部分變成了沼肥，另一部分變成了沼氣。沼氣用來發電，所以又是發電廠，自己用不完這些電再賣給電力公司，所以雖然它是一家養雞場，但還是一家發電廠。

沼肥每天也不得了，你想想幾萬隻雞啊，雞糞也不得了，變成了很多農民在使用的有機肥，所以這裡種的果樹從不打農藥、從不使用化肥，通通都是有機的。

這位老闆有一個親戚，他花高價買了幾隻種雞，放到了老闆那裡，你幫我們養著，我們每一個星期過來收一次雞蛋，親戚朋友分著吃。最初是幾家一起合作，後來越下越多，吃不完怎麼辦呢？那就賣吧，但是成本那麼高，賣一般的價格也不行啊！

這才開始有了包裝，有了品牌定位和塑造。這家企業想

第四章　創造財富的第二步：財富載體與專注一事

打進超市打不進去，需要 50 萬元的進場費，你說幾個人做的小企業哪來的 50 萬元呢？有一個員工的親戚在某區菜市場當主任，於是老闆透過員工跟親戚說，我們把東西擺在你們菜市場，賣完了再收錢，賣不完我們就拿回來，於是，雞蛋放在菜市場裡開始賣了。結果一開始賣，很多人一看這種雞蛋與眾不同，當然他也做了很多行銷的功夫，告訴大家這種雞蛋與別的雞蛋不一樣的地方，就有中產階級看上了，這種雞蛋不錯，回去一吃果然好，後來就逐漸從犄角旮旯放到了醒目的位置。

有一次家樂福全球總裁過來開會，開完會就去菜市場附近著名的餐廳吃飯，吃完飯之後就跑到菜市場看自己的競爭對手去了，進去一看怎麼這裡有 A 牌雞蛋呢，家樂福自己都沒有，他馬上打電話給區域總裁詢問是怎麼一回事，為什麼在菜市場有 A 牌雞蛋，而家樂福卻沒有呢？區域總裁不知道啊，趕緊問採購部門，原來 A 牌雞蛋有來找過我們，但是沒有錢付進場費，所以進不了超市。家樂福總裁立刻要求去重新談談。

第二天家樂福就主動找 A 牌老闆了，說你們趕緊將你們產品的資料拿來，我們大老闆發話了，不需要進場費，趕快上架。這幫人趕忙就帶著東西去了，一進入家樂福貨架，力

量就大了,別的超市也去找他們,到了今年這家企業一直維持著從不付進場費,不管什麼超市絕對不付。

為什麼要付進場費啊?因為你的產品同質化,你不付別人付,當你的產品差異化時,力量對比就有了變化,就變成了他求著你。如果能夠出現眾多這樣的產品,當你走向世界時,不是天天你求著人家,而是人家求著你,什麼進場費半毛都不給,我給你產品已經不錯了。

這家企業已經做到五六億了,沒有什麼花樣,就是賣雞蛋。他們還在附近建了第二個養雞場,2009 年建成,2010 年在另地又建了一個養雞場,這兩家養雞場的規模更加大,整個營業額可以達到 20 多億,然後再往西部拓展,10 年之後能夠做到一百億,當這家企業做到一百億時,全世界第一大雞蛋加工廠就出來了。

上面的故事就是講如何找到自己的定位,只服務一部分客群,這就是市場細分,也就是創新。

第四章　創造財富的第二步：財富載體與專注一事

第五章
創造財富的第三步：
財富管控與持續創造

第五章　創造財富的第三步：財富管控與持續創造

解密一桶金理論

在你選準了自己的定位，並非常專注地經營自己的事業後，你的財富會越來越多，接下來的問題就是：如何管理財富，讓財富持續遞增。我在這裡分享一個理論：一桶金理論。

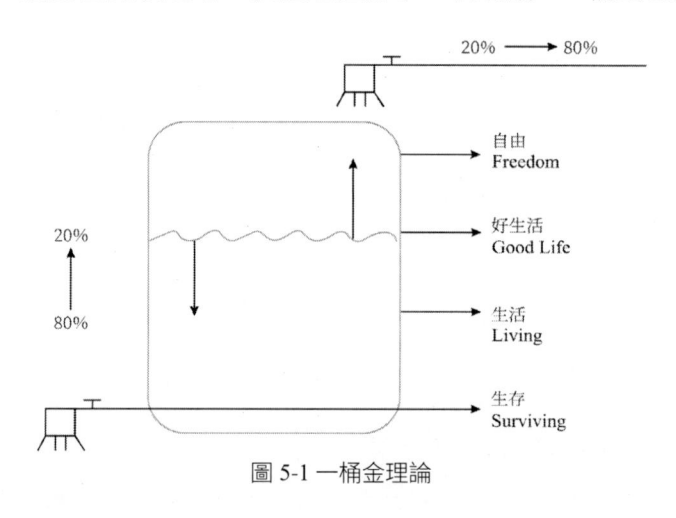

圖 5-1 一桶金理論

一桶金理論是一個新觀念。我們現在有一個桶子，這個桶子代表我們每個人想得到的一桶金。這個桶子有一個進水的水龍頭，代表我們的收入，下面有一個出水的水龍頭，代表我們的支出。桶子裡有財務的水位，代表我們目前的財務

狀況。當支出大於收入的時候,財務水位就會下降,我們就會因此而恐慌或緊張。

根據財務水位的高低,將人分成四種生活狀態:

1. 生存

這是很多人的狀態。他們每天為衣食住行而奔波,為生存而戰,甚至很多人還過著欠債的生活,20% 最底層的人基本上屬於這一類。

2. 生活

大多數人過著衣食無憂、不欠債的生活,日子很不錯。但這並不是我們想要的最終結果。

3. 好生活

我們有了房子、車子,步入中產階級的生活。這個時候我們成為最辛苦的一個族群,時間不自由、心靈不自由,健康受到嚴重的威脅。

4. 自由

這一階段,我們每個人都追求人生的三大自由:

第一,財務自由。什麼叫財務自由,就是你想買什麼就買什麼,想花多少就花多少。既沒有錢又沒有時間的人,這

第五章　創造財富的第三步：財富管控與持續創造

種人是窮忙；有錢但是沒有時間，這是瞎忙；有時間但是沒有錢，這是窮閒；既有錢又有閒，那叫瀟灑。

第二，時間自由。第一自由和第二自由加在一起，就實現了睡覺睡到自然醒、數錢數到手抽筋的境界。

第三，心靈自由。沒有太複雜競爭的關係，沒有太多的心理壓力，不受別人管制。今天的企業家面臨的困惑是賺到了錢，失去了時間；有的時候雖然有時間，但是企業利潤會很少；有的時候賺到了錢，還有時間，但是我們的壓力非常大，心態都快扭曲了。

亞洲的企業家過勞死已經成為一種現象。今天的企業家為了賺錢付出了很多的代價。在30歲之前我也不懂，但突然有一天我懂了，當人去世後，錢不會想念你，也不會記著你，但家人會想你，朋友會想你，那為什麼不用剩下的時間去經營親情和友情呢？我們在賺錢的過程中付出了昂貴的成本，是因為我們沒有找到賺錢更輕鬆的方法，所以把人生80%的時間放在了賺錢上，其實錢只是實現美好人生的一個工具，而不是目的。

這就是我們所追求的三大自由。在這三大自由中，我們首先要解決財務自由的問題，提升財務的水位。但是現在經濟不景氣，賺錢不容易。大家把80%的精力放在了省錢上，

而把 20% 的精力放在了賺錢上。但遺憾的是錢不是省出來的，是賺出來的。正確的方法是要把 20% 的精力放在省錢上，把 80% 的精力放在賺錢上，不開源光節流，只會死水一潭。

第五章　創造財富的第三步：財富管控與持續創造

改變對金錢的態度

一、對待金錢的態度

　　2013年夏季，我在商場目睹一個場景。一位媽媽帶著自己的孩子逛商場，在商場門口有幾臺投硬幣的木馬設施。當孩子看見木馬的時候，就對媽媽說：「我要玩。」在媽媽投了一枚硬幣後，孩子玩了兩分鐘，木馬停了，孩子要求媽媽再投硬幣繼續玩，媽媽又投了一枚，孩子又玩了兩分鐘。為此，媽媽投了身上所有的硬幣。一位外國男孩看見了，對爸爸說，他也想玩。爸爸告訴他：「孩子，今天我們沒有玩木馬的預算。」於是，孩子自己騎到木馬上晃蕩。晃累了後牽著爸爸的手高興地回家了。

　　這個故事說明人們對於金錢不同的態度。對待金錢的態度比金錢本身更重要。每個人都想賺到屬於自己的財富，很多人賺到了錢卻沒有改變對待金錢的態度。很多人賺到了錢也只是賺到了錢本身，而沒有增加賺錢的能力。很多人一直在做生意，但一直在投資一個專案，而沒有投資一個系統。所以，財富會大起大落，企業會載浮載沉。

而我們亞洲人對待金錢的態度是什麼？80%的人都把金錢花在吃、喝、玩上，很少的人把金錢花在智力投資上。亞洲人喜歡吃，外國人，尤其是猶太人把金錢花在學習、教育成長上，使自己終身受益。一個人不改變對待金錢的態度，有再多的錢反而會非常可怕，為金錢所累，整天憂心忡忡。有位偉人曾講過，如果孩子比我強，留錢做什麼？如果孩子不如我，留錢是禍害，孩子永遠長不大。所以，我們要改變對待金錢的態度，也要教育我們子孫對待金錢的心態要健康。

二、審視你受的教育

從小到大你接觸的教育都是要聽話，在學校老師要你聽話，上課不要亂講話。你受到的教育就是讓你成為一個好孩子，成為一個好學生，走到社會，讓你成為一個好員工。沒有一種教育是讓你成為一個好老闆，所以你選擇了做好員工。好老闆要冒險，好老闆要激勵他人，好老闆要帶領團隊。你在大學裡從來沒有受過情商訓練、領導力訓練、團隊精神教育，所以你選擇當員工很正常。這就是種瓜得瓜、種豆得豆。員工在這個世界上幾乎是不可能達到財富自由的，定位不同，結果還是兩手空空。

第五章　創造財富的第三步：財富管控與持續創造

古代有三個年輕人，他們想尋找黃金，於是他們踏上了尋找黃金的道路。他們聽說過了沙漠之後，很遠的地方就有他們要尋找的黃金。當他們穿過沙漠的時候，三個年輕人又累又渴又餓。這個時候他們最大的想法就是找到一個有吃有喝的地方。此時他們發現在前面有一個老人坐在那裡，老人看起來非常有智慧。三個年輕人問老人哪裡可以找到吃的和喝的。老人說過了前面的沙漠，然後翻過一座小山，就是一個綠洲，那裡有你們想要的東西。老人還說：當你們找到吃的喝的的時候，千萬不要忘記帶一點東西以備將來不時之需。三個年輕人各有領悟，於是上路，按照老人的指點他們找到了綠洲，得到了吃的喝的。

當三個年輕人吃飽喝足之後，天色已晚，他們準備離開。當第一個年輕人走出沙漠的時候，他就想起老人的話。當他回頭望去的時候，遍地是沙漠沒什麼好帶的，於是空著手離開了沙漠。

第二個年輕人想老人講的話一定有道理，我不如帶一些東西解解心疑，於是他抓了一把沙子揣在自己的口袋裡。

第三個年輕人想老人一定是個智者，仙人掌不容易帶，就揹著一袋子沙子走出沙漠。

三個年輕人在黑夜當中趕路，到一個客棧歇息過夜。第

二天早上天亮之後,其中第二個年輕人叫了起來,他發現昨天晚上在綠洲拿到的沙子是金沙;第一個年輕人也叫了起來,因為他什麼也沒有拿;第三個年輕人默不作聲,揹著滿袋的金沙回家了。

親愛的朋友,彈指間,你走過了人生的 20 年、30 年,甚至更多。在今天的市場中、職場裡,有的人還是兩手空空,有的人卻收穫頗豐。我們都希望我們能夠有一次創造財富的機會。

我小時候,家裡非常貧窮,我的國中物理老師告訴我:「人窮腦袋不能窮。」於是我問了老師一個問題,為什麼我們家這麼窮?老師告訴我:一個家窮不過三代。當我聽完這句話之後開悟了,我相信從我這一代會肩負起致富的使命,會改變我們家族的命運。

你希望家族致富的使命擔在你的肩頭嗎?「三十歲之前子因父貴,三十歲之後父因子榮!」什麼是我們讓父母驕傲的資本?我想我們每個人都希望改變自己的命運,改變家族的命運,都在探索一條自強的道路。那我們有過思考,有過改變嗎?

第五章　創造財富的第三步：財富管控與持續創造

財富可能會流失

我們知道，人生有三大風險，這三個如果你都沒掌握好，那你的人生注定灰暗無光。

第一是選錯伴侶，選錯伴侶，會影響你的子孫後代，遺傳學表明，母親對孩子遺傳造成很大的作用；

第二是跟錯人，你為什麼沒有成功，因為你跟錯人，許多人成功都是站在巨人的肩膀上的；

第三就是學錯東西，一個人學錯東西，誤人誤己，甚至害國害民。

金錢對於我們，同樣有很大風險，有些人能守住財富，而有些人則喪失財富。《富比士》(Forbes)雜誌從 1982 年公布「富比士 400 富豪排行榜」以來，到今天，只有 50 位富豪依然榜上有名，也就是說高達 87% 的富豪富不過一代，甚至像流星一樣一閃而過。

其中，145 名富豪從「富比士 400 富豪排行榜」上消失了，主要是因為死亡或是家族成員「分家」所致。而 205 名富豪在「富比士 400 富豪排行榜」上只露過一次面，然後消失

得無影無蹤,這些人的消失,主要是因為生意上的失敗或是「泡沫」資產的「蒸發」,就像網路公司的「泡沫」破滅一樣。

到2004年,有50位富豪的名字依然在「富比士400富豪排行榜」上,主要是得益於他們的資產在不斷地增值,也就是說這些人善於理財。

《富比士》雜誌認真研究了200多位失敗者,發現他們之所以沒有能夠守住財富,主要原因是投資過分集中。具有諷刺意味的是,當初這些人創造鉅額財富的原因,也是過分集中的投資,即「成也蕭何,敗也蕭何」。這些人集中投資於石油、房地產、網路公司或是單一的股票,然而最終結局是他們走了一個循環,以失敗的方式又回到起點。

歷史就像一齣戲。1970年代,爆發了石油危機,美國德州因盛產石油,而使一批人成為「石油富豪」(布希家族(Bush family)就是那個時期興起的)。然而,到了1985年,石油價格暴跌,當年就有9位「石油富豪」從「富比士400富豪排行榜」上「跌」下去了。

保住財富和創造財富,是完全不同的兩回事。據統計,在1982年,如果某人購買了1億美元的標準普爾500股票(S&P500)指數,那麼到2004年,他的資產將達到7.5億美元。毫無疑問,保住資產的關鍵就是分散投資,而且最好的

第五章　創造財富的第三步：財富管控與持續創造

投資目標就是標準普爾 500 股票（S&P500）指數。相反，只做一項投資的人，20 年後保住資產的可能性只有不到 50%，更不用說增值了；而 20 年後，分散投資的人，資產增值的可能性高達 85%。

當然了，分散投資也並不是唯一的選擇。適當地賣出資產，尤其是資產過熱時賣出，也是一種不錯的選擇，這一點無論是對於白手起家的人還是依靠繼承財產致富的人都適用。

「勤儉」也是守住財富的有效方法。不管你有多少錢，每年的花銷都不要超過資產的 3% 或 4%，這絕對是一個明智的選擇。

如果你每年的花銷超過了資產的 7%，那麼 20 年後，你花光所有錢的可能性高達 80%，原因很簡單，就是「通貨膨脹」。很多人經常有意無意地忽略「通貨膨脹」的因素，其實「通貨膨脹」是財產的「腐蝕劑」。20 年後，由於「通貨膨脹」的因素，人們手中的錢將貶值 20%，這還算是樂觀的猜想。

過分保守投資也是對保住財富的威脅。不知道為什麼，有些人對國債「情有獨鍾」，在美國，過去的 22 年裡，通貨膨脹已經使 44% 的國債資產「蒸發」了。而持有「共同基金」的人，平均每年卻可以獲得 12% 的投資報酬，但還是低於標

準普爾 500 股票（S&P500）指數的 13.5%。

不管怎麼說，如何保住財富的確是一門學問，在這裡我提供大家五個建議：

(1) 保持身體健康；
(2) 學會理財；
(3) 分散投資；
(4) 要勤儉；
(5) 改變對金錢的態度。

第五章　創造財富的第三步：財富管控與持續創造

如何持續創造財富

從前，有一個山上的村莊沒有水井，所以村裡很多人靠從山下提水到村裡賺錢。其中有一對非常好的朋友——王明和李成，剛開始的時候王明和李成每天都一起從山下打水提到山上的村裡，賺取該得的報酬。慢慢地到了後來，王明和李成都開始想怎樣可以賺到更多的錢，王明想的辦法就是換了個大的水桶，他還是這樣一天一天地用水桶提水，自然地就獲得了比以前更多的報酬。而李成不一樣，他想如果從山下的水井直接修一條水管到村裡，那便會把水源源不斷地輸送到村裡來。就這樣，李成每天都早起貪黑地實施著他的計畫——修水管，自然地，他沒有了更多的收入，做著別人都不理解的工作，過著相對艱苦的生活。

慢慢地，三年時間過去了，王明隨著年齡的增長，他的身體已不允許他再用那麼大的水桶提水了，他只能用一個很小的水桶提水，相應地，他的收入就減少了。這時候李成的水管計畫已完成，山下的水被源源不斷地輸送到了村裡，即使他在睡覺、外出還有不管做什麼別的事情的時候，他都有一份源源不斷的收入，這時他的生活已完全變成另外一個樣子。

親愛的朋友，你在做著哪種工作，在做著哪種努力呢？像王明還是像李成？

其實王明就是現在的上班族，他們只渴求一份穩定的收入，可是到頭來連買個房子也得貸款，而李成就是創業者，只有自己找到管道，找到平臺，自己創業，你才可能讓你自己和你的家人過上衣食無憂的生活。

鄧麗君已經去世了，但每年她的家人還會有上百萬的收入，那就是她的版權費收入。金庸早就不寫小說了，但後續收入不斷。他們都是賺永世的錢，不管是靠一個企業平臺還是造就了一個工具，這就是載體，這個載體還會繼續賺錢。賺錢需要載體。

透過對全世界所有賺錢方法的研究，我們發現全球賺錢方法主要有兩種：

1. 平地推球

第一種賺錢的方法是平地推球。就是你推球，球就動，不推球，球就不動。所以說平地推球帶來的收入叫單項收入。我們一分付出，一分收穫，甚至付出都沒有收穫，如上一天班就有一天的工錢；自己開一個花店，自己努力吸引了顧客就有錢賺，不努力就沒錢賺。在全世界透過平地推球獲得單項收入的人占80%，是最辛苦的人，他們所掌握的財富

第五章　創造財富的第三步：財富管控與持續創造

不到全世界財富總和的 20%，這就是有名的 80／20 法則。所有的上班族、自由工作人士都是這種賺錢方法；大企業主、投資者不這樣賺錢，他們選擇另外的賺錢方法，就是斜坡推球。

2. 斜坡推球

第二種賺錢方法是斜坡推球。斜坡推球很累很笨，不容易，但為什麼這樣賺錢的人掌握了全世界 80% 的財富呢？因為他們想把球推到一個平臺上，這個平臺就是一個賺錢機器，剛開始一段時間他們很辛苦，比普通人付出的要多很多，但賺錢的平臺和系統一旦打造成功，它就能將財富維持在一定的水準，所以說斜坡推球帶來的收入是長久的收入，這就是他們高明的地方，他們看到的是未來，而不是當下平地推球。

圖的白色部分是我們要付出的力，灰色部分是我們要得到的利。一開始的時候我們付出的力很多，得到的利很少。這段時間就是斜坡推球的系統建造期，當我們的系統建造好了，平臺建成了，我們就會靠平臺去賺錢。

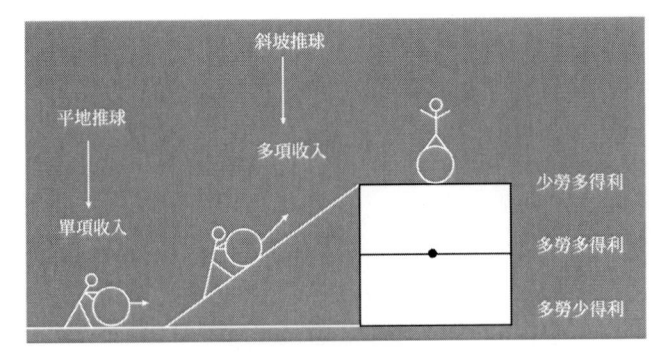

圖 5-2 兩種賺錢方法

　　成功的人跟普通的人區別是什麼？成功者看到結果，而普通人看到過程。真正創造財富成功的人，是一次努力，多次收穫；而普通的生意人，是一次努力，一次收穫。所以今天為什麼有越來越多的人進入了系統創造財富的行列，就是因為越往後付出的力越小，我們越來越老，精力跟不上了，這也符合人的生理發展趨勢。所以趁著現在我們還有機會，我們還年輕，開始斜坡推球的系統創造財富吧！

第五章 創造財富的第三步：財富管控與持續創造

第六章
創造財富的第四步：
增加管道與系統

第六章　創造財富的第四步：增加管道與系統

用系統幫助創造財富

在 79 年前,好萊塢的山腳下有兩個兄弟狄克(Dick)和麥克(Mac),他們辦了一個室外就餐的八角形餐廳,也就是麥當勞餐廳。他們的生意很好,但生意始終沒有做大。直到他們在東部一個食品展銷會上購買了 8 臺多功能奶昔機後,他們的命運發生了改變。

賣奶昔機的業務員看到了麥當勞餐廳的創造財富價值。於是他找到狄克和麥克,建議他們到加州以外的地方開店,賺更多的錢。兩兄弟找了各式各樣的原因,不願意冒這樣大的風險。他們的思維模式被他們固定的思維限制住了。但業務員非常想將麥當勞的營業模式推向全國,做成這個生意。他經過幾次艱苦的談判終於拿下麥當勞的經營連鎖權。

在 1955 年,他為麥當勞匯入了一套系統,1965 年麥當勞上市。

現在全世界有 3 萬家麥當勞分店。當你去麥當勞的時候,一定要想到將麥當勞帶到世界的不是麥當勞兄弟,而是老業務員雷·克洛克(Ray Kroc)。正是他藉助系統創造財富,

才使麥當勞得到充分的發展。在麥當勞的系統當中，它的管理之道與別人不同：

第一，它有明確的經營理念和規範化的管理。我們大多數的企業都是人管人，而不是制度管人。制度是系統當中非常重要的一部分。

第二，麥當勞有非常嚴格的檢查制度，成為監督的重要環節。如果漢堡出來之後，15分鐘沒有到達顧客的手裡，就丟到垃圾桶裡。這就是產品的監控系統。

第三，麥當勞有聯合廣告的基金制度。麥當勞認為光靠一家公司做廣告不足以支撐所有的分店。所以，他們建造了這種良性循環的制度。

第四，以租賃為主的房地產經營策略。

克洛克認知到只有用系統的方法，才能使麥當勞在全世界不斷複製。在2009年金融危機的大背景下，多少個企業倒閉衰落，而麥當勞卻一直向前，從第388位上升到第359位。這就是因為它有一套完善的系統保障了一個簡單的漢堡獲得最高的市場價值。

在我看來，麥當勞沒有中餐美味，但是這麼多的中餐廳就是比不過麥當勞。因為我們的中餐廳需要擁有高超技藝的廚師，而不需要一套系統。中餐廳賺到的100元和麥當勞賺

第六章　創造財富的第四步：增加管道與系統

到的100元在品質上是不一樣的。在創造財富和做生意當中，錢除了數量還有品質。中餐廳是靠廚師的不能複製的手藝獲得成功，賺到的100元具有很大的摸索性，而麥當勞賺到的100元是靠系統產生的價值。所以，我們要思考如何進行完整的系統創造財富。

麥當勞的締造者克洛克不僅找到麥當勞這樣的載體創造財富，還為自己創造財富持續發展引進了系統。什麼是系統？系統就是「制度＋工具＋人」。克洛克就是為麥當勞匯入了一套制度，引入了一套營運工具，才使麥當勞迅速發展。

從前有一窩大老鼠生了一窩小老鼠，這些小老鼠長大了以後要出去自己尋找食物。臨行前一隻小老鼠找到一隻年長的老鼠，向他請教有關貓的問題。小老鼠說：「老鼠大叔，我準備出去找東西吃，你能告訴我怎麼才能不碰見貓，怎麼才能不被貓抓住嗎？」老鼠大叔意味深長地說：「小老鼠，告訴你個絕招，當你聽見狗叫的時候就可以出去了。」小老鼠不明白，又問道：「為什麼聽見狗叫的時候我就可以出去了？」老鼠大叔回答道：「因為狗叫的時候貓就跑了，那時候你出去就絕對安全了。」小老鼠一聽，不由得讚嘆道：「還是年紀大的有經驗。」他很慶幸自己學會了如何躲避貓的方法，於是日日躲在洞口傾聽。

這一天他終於聽見了「汪汪汪」的狗叫聲，小老鼠一邊暗自想著「時機終於到了」，一邊迫不及待地快速走出了鼠洞。結果剛一出洞，就被一隻老貓抓住了，老貓對小老鼠說：「這回看你往哪裡跑！」小老鼠特別不服氣，他對老貓說：「不對吧，剛才狗叫了，為什麼你不跑呀？」老貓嘻嘻一笑，慢悠悠地說：「這年頭不會第二外語，能出來混日子嗎？」小老鼠頓時無話可說了。

這個故事反映了貓很聰明，學習和利用了一種工具，照樣可以獲得生存優勢。一個人光有強烈的夢想是不夠的，還需要找到實現夢想的有力工具，要靠工具、靠載體、靠流程才能做大做強。我們再看看沃爾瑪是如何引進工具的。

沃爾瑪是世界上最大的百貨零售商。作為一個百貨零售商，竟能成為世界 500 強的企業之一，的確非常不易。眾所周知，1990 年代之前能入圍世界 500 強的企業，尤其位居前幾名的，都是一些固定資產非常大的企業，如石油、鋼鐵、汽車、銀行等企業，而在 2002 年的時候，一個百貨零售商躍居成為世界 500 強的首位。

如果從工具的角度來看，有些人會認為沃爾瑪能成為世界第一的主要原因是規模擴張。其實不然，規模擴張離不開合適的工具，否則，為什麼以前也在進行規模擴張，但是一

第六章　創造財富的第四步：增加管道與系統

直沒取得今天的成就呢？真正的原因在於，以前沒有找到合適的工具，而今天卻找到了。

沃爾瑪有個外號叫「天下第一節省」，對這個外號感受最深的莫過於沃爾瑪的供應商，與沃爾瑪合作最大的痛苦就在於價格談判，沃爾瑪會將供應商的價格壓得非常低，但是，供應商卻無法離開沃爾瑪。以電視機為例，沃爾瑪一天的電視機銷量是 200 萬臺，試問，哪個電視機供應商不願與之聯盟？

在 21 世紀以後，沃爾瑪又得了另一個外號「天下第一慷慨」，這個外號來自於它購買的幾顆衛星。這幾顆衛星就是沃爾瑪找到的合適的新工具，它們能確保沃爾瑪在全球任何一個地點的任何一家店的任何一件產品的任何一個價格的變動和出售情況，都可以隨時反映到物流中心。根據這些資訊回饋，總部可以對每個店的貨品進行及時的補充。正因為如此，沃爾瑪才能夠在全球布點，因為它的整體營運成本能夠降低。

及時準確的資訊對百貨零售業的生存至關重要，一旦資訊延誤，就意味著顧客的流失。所以，沃爾瑪擁有了這種工具，也就擁有了其在全球擴張的良好支撐點。

任何企業的發展，光靠滿腔的熱情是不夠，是做不大

的，除了靠載體、靠工具，還要靠流程。下面我們再來看看世界著名遊樂公園迪士尼是如何運用流程來吸引客戶的。

眾所周知，迪士尼是世界上非常有名的一個娛樂綜合性公司，這個公司近幾年發展迅速，產品眾多。迪士尼最具代表性的產品莫過於它的主題樂園，每年都有大量的遊客前往。

但是，當人們到了主題樂園的時候，最令其厭煩的事情莫過於排隊等待了。在人們最想玩的設施面前，隊伍排得最長，這些隊伍能為迪士尼帶來巨大的利潤。可是，排隊會影響人的心情，如果等待時間過長，許多人就會選擇放棄。為了解決給遊客更好服務的問題，迪士尼對自己的服務流程做出了一系列調整，甚至對職位設計都採取了變通的方式。

起初，迪士尼設計了小丑這個職位。當人們排著長隊心情煩躁的時候，隊伍的旁邊就會蹦出一個小丑，他為遊客提供各種滑稽的表演。小丑的出現，在一定程度上改善了遊客焦急等待的心情，尤其可以吸引小朋友的注意力。

但是，一直看小丑表演也會心生厭煩的，於是，迪士尼又設計了第二個職位。這個職位的產生來源於對顧客需求進行的深層的分析。迪士尼充分利用顧客排隊等待的這段時間，為顧客辦理各種需要事項，如預訂酒店、安排後續

第六章　創造財富的第四步：增加管道與系統

的旅行路線、預訂機票等,這個職位可以被稱為「雜事處理組」。這些問題的有效解決,在相當程度上緩解了遊客的焦急情緒。

經過觀察,迪士尼又發現,排隊等待的人群中最煩惱的就是站在隊伍最後的那個人。為了解決這個問題,迪士尼確定了這樣一個流程,即每過 5 分鐘廣播一次最後一名遊客到達設施還需要的時間,人最害怕的就是沒有確定感,一旦有了確定感,最後一名遊客的心情也就平和了許多。

企業本身就是一個系統,它好比一棵大樹。一棵大樹可以活上千年,我們做企業也要基業長青,但往往做不到,我們應該向大樹學習,學習大樹的系統建構:

大樹的 DNA —— 樹種。種子不同,樹的結構、木質品質不同。對企業來說,樹種是什麼,就是企業性質,你是私人企業還是國有企業,是上市公司還是跨國集團,不同性質的企業,獎勵和利潤分配方式不同。

大樹生存的基礎 —— 土壤。對企業來說,土壤是什麼,就是你的產業,產業不同,企業的利潤空間就不同。房地產業、金融業的利潤無論怎麼做都比製造業高。所以你做企業,選擇產業很重要。

大樹的動力系統 —— 樹根。對企業來說,樹根就是你的

營利模式、經營理念。同樣一個購物超市，營利模式不同，利潤空間就不同。超市的營利模式有出租攤位收租金的，有合作收分成的，有與商業地產合作，超市收銀與地產分享利潤的等等。不同經營理念，會導致不同企業文化、制度和遊戲規則。遊戲規則不同，員工收益不一樣，努力程度不一樣。

大樹的骨幹——樹幹。對企業來說，樹幹是什麼，樹幹就是企業領導團隊成員。企業領導團隊對企業成長有著決定性的作用，領導團隊成員叛變，企業傷筋動骨，元氣大傷。

大樹的分支——樹枝。對企業來說，樹枝就是企業基層管理者，基層管理者帶領大家一起，確保企業的執行力，確保企業任務目標的實現。

大樹的末梢——樹葉。樹葉就是一般員工。俗語說：「鐵打的營盤，流水的兵。」

企業大樹模型啟發我們：我要加入一個團隊或自己經營一個企業，應該選擇什麼樣的產業，應該選擇什麼樣的經營理念，我應該做「樹幹」還是「樹葉」，這些都要考慮清楚。

第六章　創造財富的第四步：增加管道與系統

如何建立團隊

龜兔賽跑，這個故事家喻戶曉，最後烏龜贏得了比賽，兔子失敗了，為什麼？兔子太懶惰，烏龜卻能堅持到底，直到最後勝利。

在今天這樣複雜的社會中，我想問的是，是烏龜容易成為銷售冠軍，還是兔子容易成為銷售冠軍？很多人認為一定是兔子容易成為銷售冠軍，因為兔子跑得快，雖然態度不好，但是經過教育，牠的態度可以有所轉變。但是我們忽視了社會的變革，以前做業務就像在打一個固定的靶，而我們今天處在一種多變的環境中，可能靶在動，你卻沒動；也可能是靶沒動，你卻在動；也有可能兩者都在動。在這種情況下，怎麼才能射中靶心？就像在新龜兔比賽的遊戲規則當中出現了一條河流，只有通過這條河，才能夠到達成功的彼岸。雖然河上有橋，但是橋離龜兔所在的岸邊很遠，在這種情況下，很難判斷誰會獲得比賽的勝利，因為兔子不會游泳，而且橋很遠，兔子需要耗費很長的時間才能找到橋。

面對複雜的情況，我們應該怎麼辦？作為一名有智慧的

人，千萬不要像兔子一樣，認為我的技能已經夠好，也不要像烏龜一樣，認為自己的態度夠好，就可以取得成功。在這樣的情況下，我們最好尋求團隊合作。如果烏龜告訴兔子：「兔子，游泳是我的強項，你跳上我的背，我背你過去。」過河之後，兔子告訴烏龜：「烏龜老弟，在地上奔跑是我的強項，爬到我的背上。」兔子和烏龜開始攜手合作，兔子背著烏龜走向終點，達到雙贏。

新龜兔賽跑的遊戲規則告訴大家一個簡單的道理：社會變化很快，而我們每一個人只有充分發揮自己的長處去幫助別人，才能獲得更大的成功。當團隊的成員能夠充分合作、優勢互補、揚長避短、融為一體時，就能達到一加一大於二的效果。今天的創造財富一定要達到這樣的境界，才能讓我們獲得飛速的提升。

那在團隊中我們如何來識人，什麼樣的人可以作為我們團隊的一員呢？什麼樣的人應該被淘汰呢？

一、如何選人

今天老闆選擇一個員工，不管做執行層、管理層或者領導層，都要按照以下排序進行選擇。

第六章　創造財富的第四步：增加管道與系統

1. 價值觀匹配

價值觀是指一個人對周圍的客觀事物（包括人、事、物）的意義、重要性的總評價和總看法。一個人價值觀的形成不是一朝一夕的事，一旦形成某種價值觀，就難以改變，呈相對穩定的狀態。心理學的研究顯示，人成長到17歲時，思維基本發育成熟，世界觀基本成型，也就是說，已形成基本穩定的價值觀。俗話說「一樣米養百樣人」，人與人之間的差別主要在於思想觀念的差別，也就是價值觀的差別。

我們選人，首先要選認同企業價值觀的人。志同道合，抱團打天下；志不同道不合，分道揚鑣。價值觀一般分為以下八大類別：

(1) 及時享樂型：這類人追求的是物質享受，從不關心未來。主要表現在：一是安於現狀，滿足眼前的「一畝三分地」。對工作中的新情況、新挑戰，缺乏責任擔當，困難面前更是推諉塞責、拈輕怕重。二是學習意識、進取心不強。工作之餘，鮮見真正靜下心來看書、讀報、思考問題。三是將就應付、得過且過，上級抓得鬆、看不見的地方，要麼長期擱置荒廢，要麼「三天打魚兩天晒網」，只求過得去，不求過得精實。

(2) 政治型：這種人喜歡爭權奪利，把權力看得高過一切，

喜歡爭別人的名堂,「與人鬥其樂無窮」是他們追求的境界,甚至為權力不擇手段。
(3) 商業型:以利益為目標,為利益不擇手段。
(4) 功名型:喜歡建功立業,為社會、為國家做出貢獻。
(5) 體驗型:認為人生就是一個過程,最後的結果都是一樣的,過程精采就夠了。這種人喜歡旅遊,探索大自然。
(6) 凡人型:認為人生平安就是福氣,何必折騰自己,搞得很辛苦,吃虧是福,人生平淡才是真。
(7) 宗教型:這種人對滾滾紅塵已經沒有什麼眷戀,超出世俗,定心修心。
(8) 社會型:這種人以為他人付出為快樂,喜歡幫助別人。

2. 性格匹配

性格對人的影響很大,一個團隊只有把合適的性格放在合適的職位,才能發揮最大的價值。

心理學上把人的性格分為四種:活潑型、完美型、力量型、和平型。在現實中,一個人的性格中都有這四種性格的元素,通常哪類性格特徵特別明顯,我們就稱其為哪種性格的人。《西遊記》大家耳熟能詳,它裡面的取經團隊正是我們講的四種性格的人:

(1)活潑型

第六章　創造財富的第四步：增加管道與系統

代表人物：豬八戒。活潑型是很開朗的性格，喜歡玩，話多，有幽默感，很熱情。活潑型的另一特點是：不注重細節，直率，喜歡陳列有說服力的物品。活潑型跟完美型是兩個極端的性格，這兩種性格是不可能同時在一個人身上看到的。因此這種類型的人社交容忍度很大，交友數量多，但交情的品質並不一定高。

(2)完美型

代表人物：唐僧。之所以叫完美型，是因為完美型的人事事都要求完美，衣櫃要整齊，床要鋪好，房間不可以有一丁點亂。完美型的另一特點是：優柔寡斷，生性矜持，謹言慎行。完美型的人是喜歡有自己較大空間的人。因此這種類型的人社交容忍度小，但交情品質高。

與活潑型相反，完美型是一種內向、悲觀、扮演思考者角色的類型。他們深思熟慮，善於分析，嚴肅認真，目標明確；他們有天賦、有創造力，亞里斯多德說過，「所有天才都有完美型的特點」。完美型在乎細節，對清單、表格、圖示和數據比較敏感。完美型的人是完美主義者，他們要求完美的配偶，他們交友謹慎，寧願只有幾個知己，而不願像活潑型那樣有太多熟人。

完美型的弱點在於他們容易憂鬱，經常感到被別人傷

害。完美型的人對每句話都預先想好並認為別人也會這樣。所以他相信每一句隨意的話都暗藏深意。

完美型由於天生消極的傾向,他們對自己的評價十分苛刻。他們總有自慚形穢的感覺,在社交場合他們往往感到不安,害怕別人批評,其實這些消極念頭往往是他們自己虛構出來的。對待這一弱點,在於要時刻強調正面觀點,減輕負面看法。

記住:完美型者有最大的潛力取得成功,別讓自己成為自己的敵人。

(3)力量型

代表人物:孫悟空。你如果認識一個性格非常暴躁、真實的類型,與活潑型及力量型最難相處,因為後兩者想什麼說什麼,不會顧慮人,不用懷疑,他一定是力量型。力量型的控制欲很強,喜歡當老大,性格比較強烈。力量型跟活潑型都屬於外向的性格。力量型的人社交容忍度小,與完美型不同的是,本人並不知自身的情況,因此需要嚴格控制人際往來。

(4)和平型

代表人物:沙僧。和平型是個老好人,一個團隊裡說話最少的人一定是和平型,最聽別人話的那個一定也是和平型。最後要注意一點:惹怒和平型的人可是非常不好玩的一

第六章　創造財富的第四步：增加管道與系統

件事。和平型跟完美型都屬於內向的性格。另外和平型跟力量型是相對的，這兩種性格也不可能同時出現在同一個人身上。這種類型的人社交容忍度大，他們的人際往來很自然。

這四種性格沒有優劣、好壞之分，關鍵看如何營運。

我們只有了解自己屬於什麼類型的性格，知道各種性格的長短，以及每種性格所特有的社交容忍度，才能控制、協調好自己的交情能量（數量與品質），才能在社交容忍度這個範圍中開心跳舞，在職場上遊刃有餘。

在企業當中，很多的時候是因為團隊成員之間性格的不同而產生矛盾。所以各位請記住，我們企業最大的成本就是沒有經過訓練的員工。松下幸之助說：我們松下公司，其實是一家教育培訓公司，只不過順便賣賣電器而已。每一個團隊領袖都應該知道關於性格的學問，並詳細了解他的成員的性格特點。這樣，我們就可以聰明地了解自己，智慧地認識他人，才能使不同性格的人在一個共同的目標下，共同合作，以達成共同的目標，實現共同的願景。

3. 能力匹配

我們的能力來源於學習，能力是學來的，是練出來的。我們要向冠軍型高手學習，不斷增加自己的能量。只要自己強大了，你就可以制定遊戲規則。

如何建立團隊

　　老闆為什麼要透過打造一個很大的平臺來系統創造財富？因為只有你的平臺大了，才能提供空間給更多優秀的人才，而這些人才才能把這個平臺建造得更加牢固。

二、如何用人

1. 德才矩陣圖

　　前面提到，看人有三點，第一個是價值觀，即個人認為是否應該這樣做；第二個是性格，即個人是否習慣這樣做；第三個是能力，即個人如何發揮創造力去做。這三方面核心的東西就是人的德和才。在古代，根據才大才小、德大德小，把人才分成四個種類，也叫四個矩陣。

圖 6-1 德才矩陣圖

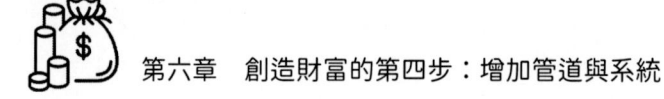

第六章　創造財富的第四步：增加管道與系統

(1) 聖人

德大才大的人,被稱為聖人。在動物屬性當中,用馬來表示,所以在古代把人才比作千里馬,發現人才的人叫伯樂。今天也是一樣,我們每個企業都想找到那個千里馬,老闆就應該是那個伯樂,最起碼你有辨識好馬和普通馬的能力。

(2) 君子

德大才小的人被稱為君子。在動物屬性當中,用牛來表示,他不像馬那樣馳騁沙場,但他能踏實地低頭拉車。

(3) 小人

德小才大的人被稱為小人。在動物屬性當中,用狗來表示,他能夠看家,但有的時候也會咬人,有時候管不好會成為「狗腿子」。

(4) 愚人

德小才小的人被稱為愚人。在動物屬性當中用豬來表示,也有用,能殺著吃肉。

我們這裡所說的「德」,跟我們平時做人的「德」,不是同個意思,因為在企業當中,企業要求的德,是你高度認同企業的價值觀,你要忠誠、誠實,能夠在企業最需要的時候,跟老闆同甘共苦、榮辱與共。這裡所說的「才」,也不是你的才華,不是你的文憑,是指對這個企業而言,你能夠具備什

麼樣的能力，能幫助企業達到現階段的特定的目標，不是今天你讀了博士後就能達到的。有很多人很有學問，可為什麼把這樣的人空降到一個企業後，他卻不能幫到這個企業呢？這是因為他這樣的才能結構不適合企業，所以幫不到企業。

2. 人力資源的四個失誤

根據德才矩陣圖，我們知道了有四種人。在企業中，這四種人經常被放到錯誤的位置，這就是人力資源的四個失誤：

(1) 狗占馬位

第三類人有才華，他能做成一件事情，在他的德行沒有暴露的時候，極容易被老闆安排在主管的職位上，而一旦他被安排到主管職位上，便一人得志，雞犬不寧。小人當道的時候，他會排擠君子，陷害聖人。所以當狗占馬位的時候，企業的成本會增加，有的時候人才辭職，不是因為老闆的原因，而是因為這樣的主管。所以老闆要做的事情是非常重要的，要權衡，要能看到這個失誤的存在。狗占馬位，這個企業是很危險的。

(2) 牛占馬位

第二類人德性大，事情交給他，你可以放心，他不會騙你，儘管才能小一點，也沒有關係，就讓他坐在領導者的位置上，或者帶領著企業。但是請記住，牛占馬位，等於企業

第六章　創造財富的第四步：增加管道與系統

慢性自殺，因為他的才能幫不到企業，他不能幫助你達到你想要的目標。

(3) 馬占狗位

因為狗不執行他的職能，或者馬願意做狗，所以馬占狗位。許多小企業，通常老闆做總經理，老闆就是馬，中層沒有履行自己的職能，老闆就下來充當「壞人」，責罵員工，處罰員工，老闆充當了「狗」的角色。

我有一次當顧問，跟一個老闆在他的工廠裡視察，後面是他的管理層。我們兩個在前面走，突然前面廠區出現一堆不該放的東西，老闆回頭指著那些人罵：你們怎麼搞的，我跟你們說多少次了，這個東西不能放在這裡，你們偏偏放在這裡，你們想不想工作了，不想工作的都給我走。在那一刻，他的角色是馬占了狗位，這種情況下，即使看到了，也不要說話，把這種現象歸到系統思考裡統一解決。如果今天不是你的事情，你就不要去管。有的董事長管的事情太多，他只是相當於一個部門經理，這也不放心，那也不放心，如果這樣做，就還是個小老闆的心態，永遠做不了大的企業。大的企業家最重要的就是授權。

(4) 馬占牛位

因為牛不能勝任，不能夠做馬要求的工作，所以馬必須

要拉起牛車。很多企業就是這樣的，老闆做副總的工作，副總做部門經理的工作，部門經理做員工的工作，員工不工作，天天在討論，如果我們企業這樣發展就好了，如果這個人這樣做就好了。這就是職位下移。當職位下移的時候，老闆就不能想重要的事情。老闆想明天的事情，經理想今天的事情，員工重複昨天的事情，只有相互配合，企業才能不斷擁有現在，更能擁有未來。馬占牛位，大材小用，會造成人力資源浪費。

3. 如何用好四類人

作為一個系統創造財富的老闆，在人力資源方面，要做到騎馬牽牛打狗趕豬。

騎馬就是成功的方法，就是找對的人、做對的事情。老闆要找馬，同時還要牽牛，你要帶動團隊，有牽動他的方法。為什麼要打狗？因為狗會欺負牛，你不打，在企業當中會有小人當道，這時企業的成本增加，小人得志，雞犬不寧，企業就會亂下去，所以要打狗。為什麼要趕豬？因為在企業裡，要有一定數量和比例的豬，但多了，你這個企業就會有惰性，就會停滯不前。所以，從今天開始，你要用系統的方法，審視你的人才結構，開始騎馬牽牛打狗趕豬，這樣你的企業才會健康發展。

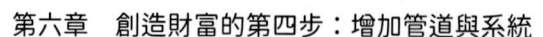

第六章　創造財富的第四步：增加管道與系統

4. 如何用好「小人」或「庸人」

古語云：「收君子以餘德，收小人以餘財，收能人以餘智。」對待君子這樣的人才，領導者要顯出自己很正直的品德，君子就很喜歡；對小人要給予錢財，小人就會幫你辦事；給有能力的人更大的舞臺，讓他施展自己的智慧。所以，我們不僅要用好能人、君子，還要用好小人，所謂團結能人幹大事，團結小人不壞事，團結好人做實事。能夠用好能人叫水準，能夠用好小人叫智慧。社會很複雜，能人有，小人也有，庸人更多，各類人都能為我所用，事業才能做大。下面這個故事就講了如何用好庸人。

為了使齊國迅速強盛起來，齊桓公決定向全國招攬人才。為了表現自己求賢若渴的決心，他在宮廷前燃起明亮的火炬，準備日夜接待各地前來晉見的人才。但是，過了整整一年，還是沒一個人上門。齊桓公很沮喪，不知道是國家沒有人才了，還是自己的政策缺乏吸引力。

正在迷惑的時候，有一天，來了一個鄉下人，自稱有才。齊桓公現場測試，那個人展示的才能是什麼呢？居然是背誦九九乘法表。齊桓公覺得很可笑，於是告訴鄉下人：「九九乘法表連七歲小孩都會背誦，這個也能拿來當才華嗎？念你初次，我也不和你計較，你自己還是趕緊回家去吧！」

如何建立團隊

沒想到鄉下人自有一番道理，他說：「我遠道而來，是專門來為您解決眼前的難題的。我憑九九乘法表這種微小的技能見君王，無非是為了拋磚引玉。賢士們不來齊國，是因為他們認為您是才能卓越、非常賢明的國君，各地的人才都自認為比不過您，他們擔心被您拒絕、被您嘲笑，所以就不敢登門。如果他們聽說您連背誦九九乘法表的人都肯接見，那麼他們必定蜂擁而至。」齊桓公聽罷心悅誠服，連連點頭表示讚許，立即以隆重的禮節接待了這個鄉下人。不到一個月，各地賢才便雲集齊國都城。

「庭燎求賢」的故事包含了一個深刻的道理：利用庸人的示範作用，宣傳自己的人才政策，向所有的人才表明自己的真誠態度和堅定決心。

很多時候領導者嘆息身邊的人太平庸，沒有人才，做不成大事業。其實我們想想，人才為什麼沒有來？因為大家不相信能得到應有的待遇。這個時候就需要藉助一些途徑展示人才政策，最好的途徑莫過於用好身邊的人，把身邊平庸的人用好了，給了其應有的待遇，甚至是比較理想的待遇，那麼傑出的人才就會認為：這樣的人都能得到這麼好的待遇，那我一定有機會，於是他自然就來了。這就叫做善待眼前人，招攬天下人。

第六章　創造財富的第四步：增加管道與系統

每個企業都會有或多或少的「小人」族群，這些族群常常為老實工作的人所不齒，但奇怪的是，他們總有生存空間，日子也許還不錯。

這裡指的「小人」通常有這樣一些特徵：吹噓和逢迎強於做事；

喜歡挑撥離間；搞小團體和政治鬥爭；不信守諾言；老闆和上司們又不是傻子，為何「小人」依舊活躍呢？

影視劇《康熙王朝》中少年康熙把明珠比喻成「油」，認為治理國家「油」和「水」都少不了，於是「小人」明珠也成了康熙的股肱之臣，甚至輔佐得也不錯。稻盛先生也在《活法》一書中教我們了，企業不是只用「君子」而不用「小人」，「小人」是有其用場的。

「小人」的優點也是很突出的，如他們往往善於溝通，善於揣摩上位者心思，可以充當人際「潤滑油」。打個比方，封建王朝有臣和幕僚，還有太監，太監的作用是上傳下達，到了明朝的時候，司禮監「掌印太監」和「秉筆太監」竟然擁有了很大的權力，可以制衡內閣，太監的權力是在皇帝的默許和授意下增大的，太監這個典型「小人」族群，也得到了擴展。明朝著名首府張居正就是很好地利用馮保這樣的小人，與李太后、馮保形成權力鐵三角進而推行變法成功，使明朝中興60年。

企業中的一些上傳下達的職位，一些主管身邊的職位，是需要些許「小人」的，他們可以使企業緩和一些尷尬，模糊一些邊界，但「小人」不能過多，多了一定會讓企業損耗加劇、管理失控。

企業是社會的縮影，是由若干人組成的，有人的地方就會有「江湖」，有「江湖」的地方就會有「小人」。

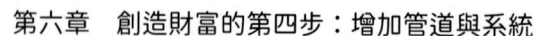

第六章　創造財富的第四步：增加管道與系統

適合你的營利模式（上）

本書講系統創造財富，最重要的就是系統最終靠什麼贏利，這就涉及一個營利模式的問題。究竟什麼是營利模式？

有一個故事可以給大家啟發：

一隻猴子在四處尋找食物。牠從一個岩石的間隙中看到對面有一棵結滿果子的果樹。於是拚命想從岩石狹小的間隙中鑽過去。如果對於猴子來說，岩石那邊的果實是牠渴求的利潤，猴子會怎麼做呢？牠選擇的是意志堅定地一直鑽，身體都被岩石磨破了好多處。因為勞累和飢餓，猴子瘦了。就這樣，在第 3 天時，牠竟然很輕鬆地鑽了過去，並吃上了果子。等樹上的果子全部吃完後，猴子準備繼續尋找食物，這時牠才發現，因為太飽了，牠又鑽不出來了。

這隻可憐的猴子因為沒有找到獲得果實的正確方式，結局一定是很悲慘的。因為，當牠終於飢餓、疲憊地從岩石的間隙中鑽出來後，牠甚至已經無力再去尋找新的食物了。其實牠可以選擇這樣的模式：在自己辛苦鑽過去後，把果子先搬到岩石的一邊，然後再鑽出來，邊吃邊尋找下一棵果樹；

適合你的營利模式（上）

牠也可以叫一個小一點的猴子鑽過間隙，把果子運出來一起分享。顯然，尋找到了正確的方式，結果就會有天壤之別。

企業的營利模式就好比猴子找果子的方式，必須有持續性，這種模式可以支撐企業持續獲利。所謂營利模式，說白了就是企業賺錢的方法，而且是一種有規律的方法。它不是那種東一榔頭、西一棒槌的打游擊戰，更不是耍小聰明，它能在一段較長時間內維持穩定，並為企業帶來源源不斷的利潤。

企業營利模式就像人體的血管。血管有問題，血液通行就不可能順暢，一個人就不可能活得健康、舒適。企業也一樣，沒有一個合理的營利模式，不管你這個企業多麼能營運，你所做的也只不過是苟延殘喘。對於企業經營者來說，這是一件多麼痛苦的事！如果有合理的營利模式，那麼企業就可以找到自己的營利點，擺脫不死不活的局面。

營利模式因為它的規律性，所以可以學習、可以借鑑。《科學投資》透過大量研究，為創業者提煉出創業企業最常見的 8 種營利模式。認真學習研究，或許可以幫助一些創業者走出困境。

1. 鯽魚模式

模式要點：找到與大產業或者大企業的共同利益，主動結盟，將強大競爭對手轉化為依存夥伴，借船出海，借梯登

第六章　創造財富的第四步：增加管道與系統

高,以達到賺取利潤的第一目標,並使企業快速壯大。

在大海中,鯊魚是一種十分凶狠的傢伙,非常不好相處,許多魚類都是牠們的攻擊目標,但有一種小魚卻能與鯊魚共游,鯊魚非但不吃牠,相反倒為牠供食,這種魚就是鯽魚。鯽魚的生存方式就是依附於鯊魚,鯊魚到哪兒牠就跟到哪兒。當鯊魚獵食時,牠就跟著吃一些殘羹冷炙,同時,因為牠還會為鯊魚驅除身體上的寄生蟲,所以鯊魚不但不反感,反而十分感激牠。因為有鯊魚的保護,所以鯽魚的處境十分安全,沒有魚類敢攻擊牠。這種生存方法和生存哲學,說起來讓人十分洩氣,但卻十分有效。

一家摩托車集團的前身只是一個生產摩托車把手開關的小工廠。但這家企業最初開發的產品具有獨特性,其表面防腐效能超過了日本企業標準,填補了市場空白,從而成為摩托車生產企業用來替代日本進口原件的替代品。該工廠最初透過推銷爭取到一家著名摩托車企業的產品配套,之後又與這家大型企業進一步合作。1992年,雙方共同出資在建立了一家摩托車配件有限公司,註冊資金600萬元,小工廠占股70%,大企業占股30%。小工廠專為這家企業生產摩托車把手開關等零配件。由此小工廠成為依附於「大鯊魚」的「鯽魚」,幾年時間產值就翻了三倍,規模與效益較之與該企業合作前擴大了10多倍。

隨後，小工廠利用賺到的錢，不斷進行向外擴張，最後發展為整車生產。一開始為代工，後來發展到獨立運作，時機成熟後，小工廠脫離了與大企業的合作關係，成為一個獨立的摩托車整車生產企業，「鯽魚戰術」大告成功。

　　這種模式在加工企業中十分流行。實踐證明，這是新創小企業走向成功的一條捷徑，風險小而成功機率高。類似這樣最後發展到「全面」生產的企業較少，更多則走向了專業化，走「專、精」的模式。

　　「鯽魚戰術」對中小企業來說，可借鑑程度較高，是一種有效的營利模式。而其方法可以多種多樣，例如：

(1)配套與代工生產

　　全球經濟一體化時代，社會分工會越來越細，一件商品的生產和行銷往往被細分為眾多的環節，由此為配套生產者提供了機會。

　　大的、複雜的汽車、摩托車、家用電器固然有眾多的合作工廠，就連小型的商品如桌椅、香菸、白酒、望遠鏡等，也有許多是分工合作的產物，不要小瞧配套這一角色，它的起點雖然低，利潤雖然薄，但投資也少（很多專案往往只需要數十萬元投資即能操作），因此恰恰適合了資金不足、經驗缺乏的創業者。只要你和上游廠家打好關係，認真工作，確

第六章　創造財富的第四步：增加管道與系統

保品質,那麼你就可以藉助這個平臺,在不太長的時間內完成你的創業過渡期和危險期。

替品牌公司加工生產,是一種較為新型的合作關係。品牌公司為了降低生產成本,或者為了騰出手來開闢新的經營領域,往往會將熱賣中的商品託付給信得過的加工廠商生產。代工生產目前不僅在跨國公司之間流行,一些國內馳名品牌或是區域性品牌也提供代工生產。這就是那句話:一流的企業賣品牌,二流的企業賣技術,三流的企業賣產品,當然,還有超一流的企業,他們賣的是標準。在這樣一個品牌爭先的時代,一個品牌的建立需要大量人力、物力的投入。但品牌一旦建立,就可以產生所謂的品牌效應,品牌本身就可以用來賺錢。加工廠商進行代工生產,要的就是品牌的聲譽和消費者的認同。代工也分兩種:一種是代工後自產自銷,這叫借牌,需要付代工費,一般只在區域市場銷售;另一種就是產品生產出來後,交給原品牌所有者銷售,也叫做代工。前者風險大於後者,投入也大於後者,但代工資格比較容易取得,一般僅限於國內品牌,國際性大品牌甚少採用此方式,創業者可酌情選擇。

(2)代理

代理商是生產商的經營延伸,影響力大一點的商品都有它的代理商。做代理商雖然是為他人做嫁衣,但同時也是在

為自己累積經驗。做代理商可以藉助有形的商品,為自己完成資本累積。同時,還能學習行銷知識,建立通路網,可謂一舉兩得。尋找那些品牌信譽好或者發展潛力大的產品做其代理,是一樁本小利大、事半功倍的買賣。初始創業者在規模上可考慮只開一家門市,從一個縣市做起。

不過,依附重量級人物卻不能過分依賴重量級人物。做代理最大的危險是被兔死狗烹。大樹底下好乘涼,是說豔陽高照的時候,一旦颱風閃電,站在大樹底下就十分危險,隨時可能遭電擊,或者大風吹折了樹將你壓死。所以說,小企業之於大企業、代理商之於生產商,只能依附,而不能依靠。依附是庇蔭,藉著大樹遮風擋雨,健康成長;依靠則是藤纏於樹,離開了樹木,自身便立足不穩。創業者開始創業的時候,難免有一段時間要將自己託付於人,但要盡快度過這一時期,不能沉迷其中,將自己的命運始終交給別人掌握。有可能的話,盡量同時託庇於多家大企業或成熟企業,則可以收到「東方不亮西方亮」的效果,大大提高企業的生命值。

2. 專業化模式

模式要點:專業化的意思就是專精一門。

我們用的指甲剪很小,但你想過沒有,只要有 1/5 的亞

第六章　創造財富的第四步：增加管道與系統

洲人使用你生產的指甲剪，你的利潤會有多大？要是全世界1/5的人都用你生產的指甲剪呢？如果這樣的利潤空間還不算大的話，你不妨再想想，普通等級的指甲剪利潤空間的確有限，但如果是上等產品呢？如果是專業化生產的全套指甲修護工具呢？

一家指甲剪公司就是緊緊抓住指甲剪這個主業不放，在指甲剪上做精做強，所以他順利進入了利潤區。藉助「非常小器」的指甲剪，使得品牌成了世界第三的指甲剪品牌，創始人也成為億萬富翁。

1998年4月，創始人從茶几上用來包東西的舊報紙上讀到一篇名為《話說指甲剪》的文章，文中提到以指甲剪為例，要求小型企業努力提高產品品質開發新產品的內容。他便產生了一個念頭：做一個響噹噹的品牌指甲剪。

於是，創始人開始學技術，把目標鎖定在韓國著名的某牌指甲剪上。

創始人從韓國訂了30萬元的貨，然後跟著研發人員開始研究其技術，再把買來的指甲剪賣出去，研發人員一遇到什麼不懂的地方，創始人就飛去韓國。由於創始人是以經銷商的身分前去考察的，韓國人不僅詳細解釋了創始人提出的問題，還親自帶他去工廠參觀。於是創始人仔細了解了他們的

自動化生產技術和設備。

一年裡,創始人飛了 20 多次韓國,買進了 1,000 多萬元的貨。這段時間,他的研發人員基本上把技術學會了,透過做「韓國品牌經銷商,他也逐漸鋪開了自己的銷售網路,不久,他的第一批名為 A 牌的指甲剪新鮮出爐。

創始人不惜重金請來各方專家,數次拿著精心改良的樣品飛赴各檢測中心接受檢測。2000 年 6 月,A 牌得到了一個五金製品協會有史以來頒發的第一張「指甲剪品質檢測合格證書」。

當然,真正成就了指甲剪製造業專家地位的,並非是這一紙證書。做品牌必須增加產品的附加價值,創始人就在產品的細節和文化含量上下功夫,強調產品的個性化和環保概念。僅僅一個小小指甲剪,就開發出了 200 多個品種。這奠定了 A 牌在指甲剪市場的專業地位。創始人始終循著專業化模式發展,不但讓 A 牌成為全世界的名牌,最關鍵的是讓小器終成大器,憑藉小小指甲剪獲得了巨大的財富。

專業化為什麼可以成為你的營利模式?一個最簡單的解釋是,因為它精,所以它深,深就提高了門檻,別人不容易進來競爭,而專業化的生產,其組織形式比複合式生產要簡單得多,管理也相對容易。在市場行銷方式上,一旦市場開

第六章　創造財富的第四步：增加管道與系統

啟，後期幾乎不需要有更多的投入。成本降低的另一面，就是利潤的大幅度提高。而在通常情況下，專業化生產一般最後都會形成獨占性生產，至多是幾個產業寡頭同臺競爭，產業間比較容易協調，從業者較易形成相互保護默契，有利於保持較高的產業平均利潤。這是一個封閉或半封閉式市場，不像開放市場上的產品，一旦見到有利可圖，大家便蜂擁而入，利潤迅速攤薄，成本迅速攀升，本來有利可圖的產品很快變成雞肋，人人都覺得食之無味，同時又覺得棄之可惜。

經計算，普通產品的生產者，如果其利潤是15%，那麼，一個專業化生產的產品，它的邊際利潤通常可以達到60%到70%。當一個企業進行專業化生產時，其多數成本都用在解決方案的開發和創意階段，一旦方案成立，就可不斷複製，並依照自己的意願，確定一個較高的市場價格，因為你是唯一的或少數能提供該解決方案（或產品）的人，所以，市場對你的高定價根本無力反對。專業化生產的另一個方式是，以簡單化帶動大規模，迅速降低產業平均利潤，使小規模生產者根本無利可圖，從而不敢也不願與你進行同臺競爭。

創始人是專業化生產，因為他只生產指甲剪一項，所有利潤都來源於指甲剪。所以他有興趣研究男人的指甲是什麼樣子，女人的指甲又是什麼樣子，小孩的指甲是什麼樣子，老人的指甲又是什麼樣子，腳指甲和手指甲有什麼不同，並

針對不同客群設計專門性產品。比如專門針對嬰兒的指甲剪,指甲剪面是平的,比成人的要短一半,這樣的設計充分考慮到嬰兒指甲的特點,避免因器具原因對嬰兒造成傷害。產品一經推出就成為媽媽們的愛物。從產品研發到生產,再到市場行銷,因為面對的都是同一產品,只是外形的變化,實質完全一樣,所以,同一過程可以反覆重現,不斷複製,基本不會增加什麼新的成本。相反,隨著各個環節熟練程度的加深,成本反而會悄悄下降。這就是專業化生產的優勢,簡單而優雅。

專業化利潤的另一個來源是專家,不但有研發方面的專家,還有生產和營運管理方面的專家、市場行銷方面的專家。專業化生產,反覆重複的過程,有利於迅速培養專精於一個環節的專業人員。這裡所說的專家與人們通常意義上所理解的專家有所不同,但這是一種更能產生和帶來利潤的專家。一般來說,這種專家型員工會比普通員工為企業多帶來10%到15%的利潤,這是專業化生產獨有的好處。

3. 包裝生產模式

模式要點:藉助已經廣為市場認同的形象或概念進行包裝生產,可以產生良好的效益,這種方式類似於乘法。利潤乘數模式是一種強而有力的營利機器。關鍵是你如何對你所

第六章　創造財富的第四步：增加管道與系統

選擇的形象或概念的商業價值進行正確的判斷。你需要尋找的是這樣一種東西，它的商業價值是個正數，而且大於 1，否則，這種東西不但對你毫無意義，反而會對你造成傷害。

利潤乘數模式的利潤來源十分廣泛，可以是一個卡通形象，可以是一個偉大的故事，也可以是一個有價值的資訊，或者是一種技巧，甚至是其他任何一種資產，而利潤化的方式，則是不斷地重複敘述它們，使用它們，同時還可以賦予它們種種不同的外部形象，如世界上最昂貴的一隻貓——Hello Kitty（凱蒂貓）、世界上最著名的一隻狗—— SNOOPY（史努比）、世界上最受歡迎的一隻熊—— Winnie the Pooh（維尼熊）等卡通形象，都是利潤乘數模式最經典的案例。

這是創業成功的一條捷徑，但也存在種種問題。正如我們前面所言，此類形象或概念授權一般範圍都比較廣，產品線往往拉得很長，這需要注意以下四點：

第一，要清楚容易接受該形象或概念的客群集中在哪些地方，並追蹤這些人的喜好。

第二，由於同質產品的泛濫或將來可能的泛濫，你需要將你的產品極度個性化，並保持這種個性化。要不你就要有能力創造出一種別具一格、別人難以模仿的經營方式。此外，你還可以有一個選擇，就是將產品迅速鋪滿某一個細分

化的市場，不給後來者提供機會，但前提是需要有相當大的投入。

第三，藉助於某一流行形象或概念進行產品生產和市場行銷，在國外已經十分成熟，但對於國內的企業經營者還是一個十分陌生的領域。它需要有一些很專業的人才，同時還要有一些專門的或獨屬的手法。如果你打算在這方面發展，那麼，最好尋找到這樣一些專業人才來幫助你。

第四，流行形象或概念大多屬於易碎品，你需要對它們精心呵護，盡量避免將其應用到可能威脅其形象或概念的產品中去。

4. 獨創產品模式

模式要點：這裡的獨創產品是指既有非同一般的生產工藝、配方、原料、核心技術，又有長期市場需求的產品。鑒於該模式的獨占性原則，掌握它的企業將獲得相當高的利潤，比如祖傳祕方、進入難度很大的新產品等。

一個偶然的機會，阿國遇到了一位因吃了有毒蔬菜而中毒暈倒的老人。晚上，阿國回到家中和房東老伯說起白天碰到的事情，老伯告訴他說，他的一個親戚，也曾因吃了有農藥的蔬菜中毒，搶救不及而死亡。老伯的話再一次觸動了他的神經，當天晚上，阿國在網路上泡了一個通宵，搜索有關

第六章　創造財富的第四步：增加管道與系統

「農藥蔬菜」的訊息。結果他發現,「農藥蔬菜」除了可能造成人們急性中毒或死亡外,更為可怕的是一些「農藥蔬菜」所造成的慢性中毒,具有致癌、致畸、致突變的「三致」作用,甚至透過遺傳危害後代(已得到科學公認)。透過檢索相關資料他還發現,市場上農藥殘留量超標的「問題菜」高達41.5%,有將近一半的蔬菜屬於不能食用的「農藥蔬菜」……

面對令人生畏的「農藥蔬菜」,市民通常採取的方法是「一洗二浸三燙」,但專家認為這種方法作用不大。也有人採用洗潔精洗滌,但洗潔精本身就是一種化學物質,用多了對人體一樣有影響。阿國由此想到,能不能研製出一種可以除掉蔬菜中殘留農藥的機器呢?他覺得這是一個機會。

阿國第二天就專程到當地大學請教了有關的專家教授,得知利用臭氧技術可以脫掉蔬菜中的殘留農藥,不過因為技術原因當時還沒有企業將之運用到民用儀器上。得知此消息,阿國興奮不已。

阿國很快就完成了「蔬果解毒機」的方案,經一位朋友引見,他找到了當時最具權威的臭氧專家李教授,並和其結成了生意上的合作夥伴,兩人分工合作:李教授負責產品研發,並在阿國擁有的品牌下投入生產,而阿國則負責銷售和推廣。

2002 年 4 月，在與李教授商談合作的同時，阿國透過朋友幫忙，籌藉資金 50 萬元，註冊成立了一家科技有限公司。一個月後，李教授在多年累積的臭氧應用技術基礎上，很快研製了「蔬果解毒機」，並順利通過了由產品品質鑑定。「蔬果解毒機」採取純物理原理，不新增任何藥物，在 20 分鐘內就能強力除掉殘留農藥、化肥，無毒副作用，無二次汙染，無營養損失。透過農藥殘留檢測儀器檢測，其蔬菜殘留農藥去除率達 93% 到 99.23%，是一種真正能為消費者提供乾淨衛生「無公害」蔬菜的機器。

擁有獨創產品並不意味著就自然可以擁有市場。阿國開拓市場的第一步是打廣告。廣告刊登後，來了很多人要求做產品代理。為了盡快回收資金，阿國來者不拒。可是很快他就發現這樣做弊端叢生。一些沒有實力的代理商，在分銷了少部分產品後，便減少進貨數量或乾脆停止了進貨。表面看起來這雖然對雙方都沒有損失，但實際上阿國卻喪失了不少有潛力的市場，因為他在一個地區指定了一個代理商，就不能再發展別的代理商，而如果這個代理商不給力，那麼這個地方市場也就喪失了。面對這種局面，阿國很快調整了銷售策略，只選擇有實力和開拓能力的商家作一級代理，實力較弱的則發展成為分銷中心，由總部派人協助開拓市場；對一些小本經營者，推出「蔬菜解毒配送中心」，提供加盟。這些

第六章　創造財富的第四步：增加管道與系統

方法有效滿足了不同層面的投資者需求，也使阿國很快就掘到了第一桶金。

在阿國開發「蔬果解毒機」的時候，臭氧技術的應用還是一個很獨特的概念，所以他的產品也稱得上是高科技產品，具有很強的獨創性。隨著科學技術的迅速發展，一些具有獨創性的科技產品的壽命正在迅速變短。兩年前還很新鮮的臭氧脫毒技術，兩年後就已經失去了新鮮感。隨著後來者的不斷進入，這個市場的競爭日趨激烈。

阿國的精明之處在於，他利用不同手段迅速拓展市場，在跟進者到來之前，就賺取了大量利潤，落袋為安。從目前狀況看，大家都在尋找賺錢機會，一種有利可圖的產品，很難長期保持它的「獨特」性。每個人都在尋找它的弱點，或複製，或改造，所以，高效率地利用市場空白期迅速賺取利潤是這種模式成功的關鍵。

獨創產品模式，實際上也是很多創業企業在創業之初可以大力藉助的模式，「獨創」的魅力所能帶來的高額利潤早已不是什麼祕密。但是獨創產品模式並不是進入利潤區的「萬能鑰匙」，它也有很多局限性：

第一，因為獨創，即意味著「前無古人」，所以往往需要很大的研發費用和很長的研發時間。

第二，因為獨創，即意味著市場認知度不高，也意味著開啟市場、獲取市場認同需要花更多的錢。

第三，儘管你事前可能做過很詳盡的調查，但一個獨創產品在真正進入市場之前，是很難測度市場是否最終會接納它的。常常發生的一種情況是：你花了很多錢，花費了很大的力氣拿出了產品，結果卻不獲市場認同。這樣，你所有的投入就都打了水漂。所以說，依靠獨創產品打市場具有很大的風險性。

第四，由於對產品缺乏詳細的了解和認知，法令相關部門很難對某一種獨創性產品提供完善的保護，生產者將面臨諸多帶有惡意的市場競爭，這種競爭經常會使創始者陷入困境。

保護和延長獨創性產品的生命週期，延長利潤產出週期的辦法：

第一，提高專利意識，積極尋求法令相關部門的保護。

第二，增強保密意識，使競爭者無機可乘。

第三，進行週期性的產品更新，提高技術門檻，使後來者難以進入。

第四，使企業和產品更加人性化，增強消費者的忠誠度。

第六章　創造財富的第四步：增加管道與系統

　　第五，有飯大家吃，在產能或投入不足的情況下，積極進行授權生產或技術轉讓，讓產品迅速鋪滿市場，不給後來者機會。這一點，一般不為經營者所注意，但卻是一種十分有效的辦法。

適合你的營利模式（下）

5. 策略跟進模式

模式要點：策略跟進，與「跟風」的盲目性、哪裡熱鬧就往哪裡鑽不同。策略跟進需要經營者對自己做出正確評估，並分析清楚自己的優勢、劣勢之後，對未來走向做出判斷。

1995年，貴琴到外地親戚家小住幾日。看到市場中賣醬鴨翅的櫃檯前竟然排著長長的隊伍。親戚說，這個醬鴨翅就是貴琴家裡附近一個小工廠生產的。因為醬燒得十分入味，所以很受歡迎。一連幾天，貴琴每每路過市場，就會看到那條排隊的長龍，而且經常是晚到的人買不到。

貴琴看著別人像開著印鈔機一樣賺錢，很羨慕。她也想照著做。但是，她很清楚雖然自己能吃苦、肯學習，可最大的弱點是對市場一竅不通，而且市場敏感度差，又沒有過半點經營管理的體驗。這些都是做生意忌諱的事。該怎麼做呢？她希望在動手之前先搞清楚，怎麼做才能讓自己獲取利潤。

於是，她就找到了這個小工廠，託人送禮進入工廠，當

第六章　創造財富的第四步：增加管道與系統

了一名工廠工人。貴琴一共工作了 2 個月，白天將工廠的貨源、製作工藝、醬料的調配、送貨管道摸了一清二楚後，晚上再回家偷偷試著製作。等她終於將自己的醬鴨翅調弄得差不多了，請來品嘗的人都說好後，她馬上辭職回家，開始著手準備自己生產。

這家工廠不是做得很好嗎？不是已經打出了名氣嗎？不是已經有了現成的模式了嗎？乾脆在創業時全部向工廠看齊。工廠從哪裡進鴨翅，她就去哪裡進貨，這樣可以確保原料品質與工廠一致；工廠生產的醬鴨翅味道是怎樣，她也向著靠攏，這樣可以縮短消費者認知的過程；工廠在哪個街道鋪貨，她就盡量選同一街道上的店面，這樣可以省下了自己開拓市場的成本；唯一不同的是她總比這個工廠晚一個小時送貨，這麼做的目的，是為了告訴這個工廠，自己僅僅是一個無關緊要的尾隨者，不會因此而對她加以防範，甚至採取破壞性舉動。跟進的結果使她的創業過程省心、順利。由於那家工廠的醬鴨翅早就出了名，每天很多人想買而買不到，所以貴琴這種跟著鋪貨的方式正好讓她撿漏，省下了她開拓市場的成本。最關鍵的是，那家工廠廠長知道後，根本沒放在心上，還和貴琴開玩笑說：「您就跟著吧，我們吃肉，當然也不能攔著你喝碗湯呀。」

看到對方根本沒把自己的小作坊放在眼裡，貴琴心裡踏實了。開始時，她每天只送一家，後來慢慢發展到 5 家、10 家，不到 1 年的時間，只要是這個工廠選的銷售點，走不出二三百公尺就一定可以找到貴琴的醬翅門市。僅僅 1 年時間，貴琴靠跟在人家後面賣醬鴨翅賺了 70 萬元。

後來，那家工廠又開始增加一些類似醬燒鴨掌、醬燒鴨頭等其他產品。貴琴並沒有馬上跟進。她知道跟在後面的人的最大優勢就是在後面能清楚看到前面所發生的事情，以及這些事情所帶來的後果。而且既然是跟，那就不能心急，等等看，什麼好賣，再決定跟什麼。所以，她交代送貨的員工，請他們每天送完貨後不要馬上返回，一定要等到那家工廠的門市商品賣完後再回來，晚上再統一向她彙報「偵察」的結果。例如，哪些點是最先上新產品的、哪些新產品暢銷、哪些新產品不太受歡迎。貴琴將員工們的回饋一一記在小本子上。等到工廠的新產品銷售半個月之後，貴琴才考慮是否要增加新品種，先增加哪些品項，增加的品項先送到哪個門市。就這樣，不緊不慢地跟在工廠的後面，貴琴輕鬆地發著自己的財。

到 1997 年時，貴琴最初依靠一口鍋開出的小作坊規模已經發展得與那家工廠不相上下。她開始小規模地著手拓展那

第六章　創造財富的第四步：增加管道與系統

家工廠以前沒有鋪貨的街道和社區。此時她也已經思索出了一種新的醬料，生產的鴨翅味道更香濃。但是，她並不急於將這種鴨翅推向市場。她一邊等待時機，一邊繼續研製著新品項。

1998 年春節前，貴琴的資金累積已經達到了將近 200 萬元，新廠房也已經竣工，而貴琴對市場銷售管道、銷售環境等更是爛熟於心。她準備發力，一舉超過那家工廠。

很多工廠在春節期間都放假，停止生產。貴琴則請自己廠裡的工人加班，每天多付 3 倍的薪資，當天的加班費當天就結清，除夕夜加班每人再另發 3,000 元獎金。同時，貴琴又將那家工廠放假回家的工人招聘 15 個過來，承諾在放假的這段時間裡，每天的薪資是那家工廠的 2 倍。這段期間，貴琴將產量提高到平日的 5 倍，產品由 5 種增加到了 11 種，其中不但有老產品，還新增了她自己研製的新產品。同時將送貨的時間進行了調整，每天下午的送貨時間提前了整整 2 個小時，而且還多增加了一次上午的送貨。

春節期間是消費的旺季，大家無事在家，親朋好友相聚總難免要喝點酒助興，而貴琴生產的醬類製品成了最好的下酒菜。春節前後短短一個月，貴琴工廠的利潤超出了平時的 6 倍還多。

適合你的營利模式（下）

春節過後，市場依然旺盛。貴琴工廠每天保持的送貨品項至少在 11 種以上，並且不斷有新的產品推出。每天上、下午各送一次貨的制度也得以保留，從此，消費者隨時都可以享受到貴琴廠生產的新鮮食品。那家工廠等春節後再恢復生產時，發現顧客都跑到貴琴那邊去了。

在馬拉松比賽中，經常可以看到運動員會形成「第一方陣」和「第二方陣」。一個有趣的現象是：最後取得冠軍的往往是開始位居「第二方陣」的運動員。因為「第二方陣」的運動員在大部分賽程中都處於「跟跑」的位置。所以可以清楚地看見「第一方陣」運動員的一舉一動，並根據其變化很好地掌握賽程，調整自己的節奏。另一方面，作為「第二方陣」的成員，他們所承受的心理壓力也相對較小，又因為一直處於引弓待射、蓄而不發的狀態，積蓄的體能有利於在最後衝刺階段爆發。所以，「第二方陣」中的運動員獲得冠軍並非偶然。

貴琴在創業的過程中重複了馬拉松比賽中經常發生的這一幕：在成長的道路上，瞄準一個目標，緊跟其後，時刻追蹤對方的一舉一動，學習他的長處，尋找其弱點，等待時機成熟一舉超越。

甘居人後是大贏家的致勝謀略。前面的最怕有人超過他，因此也最痛恨緊隨其後的人，甚至會不惜一切手段打壓

第六章　創造財富的第四步：增加管道與系統

後者。這時，如果你懂得「示弱」，表現出不能也不想和前面對手競爭的態勢，對手就可能放過你，而且可能反過來幫助你。貴琴總是比對手晚1個小時送貨，希望傳達的也就是這樣一個訊息：我所追求的僅僅是你們剩餘的空間，根本無心也無能力與你們抗爭。因此從一開始對手就沒將她放在眼裡。這給了貴琴成長的空間和時間，使她能夠在對手的眼皮子底下悄悄地壯大。

從利潤角度講，「跟跑」者向來比跑在前面的要省力，因此利潤率也相對要高。在商業活動中，每一個商業行為都有成本的代價，揀取勝利果實等於將成本最小化了，從而也就等於獲得了最大化的利潤。

「跟進」哲學是一種應變哲學，絕不是懦夫哲學，甘當「第二方陣」的目的在於在次位上充分謀求利益，避免自身劣勢，充分發揮優勢。

6. 配電盤模式

模式要點：配電盤模式就是吸引供貨商和消費者兩方面的追蹤目光，而為供貨商和消費者兩方面提供溝通管道或交易平臺的仲介企業，從中獲取不斷升值的利潤。但這個模式對於操作者來說要求很高，而且前期的投入成本很大，風險也很高。

適合你的營利模式（下）

　　小方酷愛時尚，而且是那種喜歡將自己從頭到腳的每一個細節都帶上精緻女人標籤的女孩。大學畢業後在一家外商公司工作了 3 年後，因為母親身體不好，她這個獨生女不得不放棄在大都市的時尚生活，回到了老家。

　　不久母親去世，留給她兩間房子和 500 萬元的積蓄。小方也想過再次回到外商公司，可是就在她準備回去前，她參加了一次國中同學的聚會。聚會上，小方的容光煥發讓在場的女性都十分眼紅，她們紛紛問小方，怎麼讓皮膚這麼細緻？為什麼妳的頭髮看上去這麼好？同樣的衣服怎麼妳就可以配出不同的感覺？妳的指甲怎麼做得這麼漂亮？怎麼讓自己的舉止也可以如此得體？當小方一一作答後，她看到的竟然都是失望的表情。小方所提到的為大都市女性熟知的 SPA、香浴、髮膜、身形培訓等詞彙，對這個小城市中的女性來說卻都是聞所未聞的東西。這次聚會讓小方在家鄉發現了一個龐大的市場。

　　回家後，小方將自己這幾年每月最主要的美容消費一一羅列出來。突然眼前一亮，對呀，何不將這些專案都集中在一起，開一家專門打造美女的店呢。而且這個店的名字也馬上就脫口而出：氣質美人店。

　　可是怎麼運作這家店呢？僅僅是從各地進貨然後銷售

第六章　創造財富的第四步：增加管道與系統

嗎？這不是小方所擅長的，她甚至厭煩每天盤貨、記帳、計算庫存這樣瑣碎的工作。但是如果做零售業，這些工作不到位就根本不可能賺到錢。她想，氣質美人店應該是可以滿足女性裝扮最全面的店鋪，是一個女性主題的小百貨商場。只要是想將自己裝扮得更加漂亮的女人，都會到這家店得到專業指導，選購商品。這樣的話，就可以吸引各類女性商品的品牌代理商到這個店承租櫃位。小方要做的只是在收取各品牌代理的租金外，利用她的專長讓更多女性追蹤這個店，並且到這裡購物就可以了。於是，一個配電盤模式的雛形在她腦中形成了。

她很快在老家最繁華的市中心花 400 多萬元買下了一個 500 平方公尺的店面。然後就趕赴其他大城市，尋找各種適合氣質美人店的商品。小方意識到，這種做法初期的風險很大，第一，她所在的是一個極小的城市，很多大品牌還沒有進入這個市場；第二，她必須要做到確保店鋪的流量和消費量後才能吸引這些品牌的加入。而要做到這些，僅僅憑她向品牌代理商們描述是不成的。她必須先做出一個規模。所以；她決定第一步自己先進一兩批貨，將店面推廣開來。

在小方的概念中，氣質美人店，不是簡單的美容店、飾品店，或者是服裝鞋帽店，它是可以尋找到細微到一個髮夾

的整體裝扮店鋪。它是一個讓平凡的女孩進入後，經過精心裝扮而成為一個真正氣質美女的店面。所以小方必須要進大量的商品。整整 5 個月的時間，小方尋遍了各大城市美輪美奐的女性商品，其間因為資金不夠，她甚至將母親留下的兩間房子都賣掉了，自己搬到店裡去住。她又花了將近 20 萬元，才勉強讓這個 500 多平方公尺的店鋪不再顯得空曠。之後，她高薪聘請了 3 個高級形象設計師，氣質美人店終於開張了。

為了顯示與其他女性商品店的截然不同，小方請高級形象設計師培訓店員，並且嚴格考核，不合格的一律不錄用。

但是，剛剛開張的氣質美人店因為商品、裝潢都極顯上等，每天路過觀望的女性很多，卻少有進入者。小方意識到，即使在大都市裡，她的這種店鋪都可算是獨一無二的新形式，更何況是這麼個小地方呢。於是，小方拿出了最後的 10 萬元積蓄，一部分印製了極為精美的宣傳手冊，內容是以小方為模特兒，展示其進入店鋪後，形象設計師對她的每一個環節的設計和改造，並且在宣傳手冊上面印上了每一筆的費用，大到服裝、鞋帽、包包的價格，小到一個戒指、修眉的開銷。並且，專門羅列了氣質美人服務系列，如臉部化妝指導系列、服裝搭配系列、肌膚保護、個性服務化指導系列

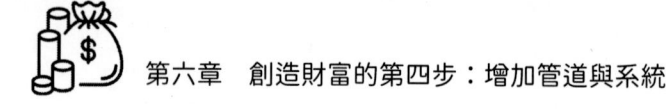

第六章　創造財富的第四步：增加管道與系統

等，小方帶著員工每天到各辦公室分發宣傳單。另一部分資金則選擇當地一家報紙，包下了幾塊版面，介紹了不同服務的類型、內容、費用等。終於，在春節即將到來時，店中生意漸漸有了轉機。

隨後，小方又有針對性地舉辦了很多培訓班，如氣質美女的服裝搭配、氣質美女的肌膚保養、氣質美女形體訓練等。經過1年多的努力，氣質美人店終於出現了生意興隆的場面。

小方終於可以開始著手她的下一步計畫，吸引品牌代理商們到她的店中租設櫃位。為了確保店面的定位，小方有選擇地與各著名品牌的代理商接觸。終於一家義大利的首飾品牌答應進入氣質美人店，成為小方的第一個商家。慢慢地很多商家看到這個小城市的市場空間，並在考察了氣質美人店後也陸續進入。

品牌逐漸增多，氣質美人店的顧客也越來越多；同時店鋪銷售業績越來越好，也吸引了更多的品牌加入。小方的整體運作也圓滿地獲得成功。

實際上小方的營利模式僅僅展現了配電盤模式的一個部分。配電盤模式是在某些市場，許多供貨商與客戶發生交易，雙方的交易成本很高，這就會導致出現一種高價值的仲

介業務。這種業務的作用類似於配電盤，其功能是在不同的供貨商與客戶之間搭建一個溝通的管道或是交易的平臺，從而降低了買賣雙方的交易成本。

而提供仲介業務的企業，以及身在配電盤中的供貨商都可以獲得較高的回報。就是彌補供需雙方的縫隙，撮合雙方交易，從而作為仲介的企業也可以從中獲得不菲的利潤。

小方屬於搭建配電盤的仲介，她所獲取的利潤主要來源於兩個方面：一方面租賃櫃位讓她可以每年獲得一定的利潤。500 平方公尺店鋪每年的維護費用 20 萬元左右，人員開支每年約 80 萬元；而一個標準櫃位的租金平均每月 1.4 萬元，一年 16.8 萬元。商家在承租後，每個櫃位配備兩個店員，店員的薪資和獎金由租戶承擔。所以她只要租出 6 個櫃位就足以支付全年的費用支出。500 平方公尺一般可以分出 30 到 40 個櫃位出租。另一方面，開設各種女性感興趣的培訓課程，透過這種方式，除了可以達到宣傳目的外，每年培訓費利潤亦可達到 40 餘萬元。透過做配電盤，小方每年獲取的利潤是很高的。但需要說明的是，這種模式的投入比較大，並不適合資金量小的創業者。小方為做這家氣質美人店，前期投入將近 300 餘萬元，風險較大。

據統計，運用配電盤模式在每單位時間內，可能做成的

第六章　創造財富的第四步：增加管道與系統

生意數量會達到傳統運作模式的 2 倍或 3 倍。而由於配電盤模式的運用，等於集合了供貨商與客戶之間的力量，因而宣傳成本、運作成本都得到大幅度下降，因此在每單位時間和每單位努力程度所帶來的利潤也是傳統模式的 7 到 10 倍。

除了像小方一樣自己做配電盤外，創業者不妨來一個反向思維，尋找一個適合自己的配電盤加入進去。對普通創業者來說，這是對配電盤這種營利模式更為有效的運用，可以降低初創企業的成長風險，加速成長過程。

7. 產品金字塔模式

模式要點：為了滿足不同客戶對產品風格、顏色等方面的不同偏好，以及個人收入上的差異化因素，從而達到客戶和市場擁有量的最大化，一些企業不斷推出高、中、低各個等級的產品，從而形成產品金字塔，在塔的底部，是低價位、大量的產品，靠薄利多銷賺取利潤；在塔的頂部，是高價位、小量的產品，靠精益求精獲取超額利潤。

有一條街上，曾在一年間冒出了多個泰迪熊專賣店。對於泰迪熊這一比較單一的商品，亞洲市場的容量雖然很大，但對於一個城市市場容量卻是有限的，於是，這幾家店的競爭很快就進入了白熱化。

一下子出現如此多的泰迪熊專賣店有它的原因，從 1990

年代開始，港臺地區迅速席捲一股來自歐美的收藏泰迪熊的熱潮。很快，日本、韓國等地陸續建立了泰迪熊主題公園和泰迪熊博物館，也讓這種對泰迪熊的喜愛迅速升溫。

泰迪熊是一種很特殊的商品，它像芭比娃娃一樣，可以被設計成不同的造型。並且不同生產者、不同品牌設計的款式，市場價格差距也很大。加之每年 3 個專門為最新設計的泰迪熊而設定的國際大獎，催生了很多經典收藏的款式，激發了全球更多人的收藏，因此泰迪熊的價格一路攀升。在出廠價格不超過 100 元的商品，在國際市場上竟然可以銷售到 60 美元甚至更多。如此大的利潤空間當然不會被商人們忽視。

然而，當多家泰迪熊專賣店聚集在一起時，一些剛剛發展起來的泰迪熊收藏市場由於空間還很有限，市場一下子就飽和了，幾家店的日子都越來越難過。其中擁有泰迪熊數量最多、庫存量最大的一家店的店主開始尋找新的營利模式，以擺脫目前的狀況。經過長時間調查他發現，大多數購買泰迪熊的消費者都是 20 歲以上的高薪收入階層，主要盯緊中上等泰迪熊，每次新款一出來，連價格都不問就會買下來。這個族群也會偶爾購買中低等級的泰迪熊，不過絕大多數是為了買給孩子，或者用作饋贈普通朋友的小禮物。所以對中低等級的泰迪熊，他們反而會討價還價。同時，很多購買低檔

第六章　創造財富的第四步：增加管道與系統

泰迪熊的人隨著擁有泰迪熊數量的增多，就會開始希望選擇更好的更有特色的產品。

發現了這一特點後，這個店主決定改變一下銷售方式。由於市場銷售的泰迪熊絕大多數都是加工廠在完成出口訂單後，剩餘的少量尾貨，所以雖然款式繁多，但是數量都很有限。通常是這家剩下來幾十個，其他人就無法擁有相同的商品。所以這個店主將店中的泰迪熊重新選擇了一番，選出尾貨數量比較多、別家店鋪也有的中低檔款式直接以成本價大量銷售，以吸引人氣和有效銷售，同時使店中的資金流動起來。而那些只有他才能提供的泰迪熊則相應提高了價格。除此之外，以前他每月會去尋找新貨源，現在改為了幾乎每週一次，以確保第一時間獲得加工廠新推出的款式。沒到1個月，店鋪的生意就開始好轉起來。

他的這一舉動讓其他幾家經營同類產品的店頓時亂了手腳，相互之間不得不開始比拚價格。而由於這家店主每週都有新款式的泰迪熊上架，吸引了大量的泰迪熊收藏愛好者，也使得很多店家主動與他連繫，提供他獨家的貨源。為了更廣泛地推廣他的產品，他找人專門製作了一個網站，隨時更新新款泰迪熊，讓更多人開始追蹤他的店鋪。

隨著生意的逐漸好轉，店主手頭的資金也開始充裕起

來。於是，他再次採取了一個大膽的舉動，專門選購了一批價位在 800 元以上的中檔泰迪熊；另外與外貿公司連繫，花重金進了一批單價在千元以上的泰迪熊。

這樣一來，他的店就開始形成了產品的梯次架構，形成了一個產品金字塔。中上等級泰迪熊的品質和收藏價值，低檔次泰迪熊的物美價廉，都讓不同層次的泰迪熊愛好者開始追蹤這個小店。甚至有人每天下班路過時，都要進來看看。很快其他店鋪就紛紛敗下陣來，轉租的轉租，關門的關門。

這位店主沒有想到，他的這一舉措在擊敗了對手的同時，又使他獲得了更多的利潤。

實際上，這家店主並沒有意識到他所運用的是在面對充分競爭時，一些商家最經常採取的策略——建構產品金字塔。之所以他可以在幾家的競爭中勝出，正是因為他利用低檔次的泰迪熊的有效銷售建立了一個防火牆，使其他店主在價格上無力與之競爭。但是在產品金字塔模式中，利潤的最大來源卻是中、上等產品。也就是說，靠低檔次產品、低價產品占領市場，吸引人氣，而靠中等產品、上等產品賺取利潤。如果僅僅是在低層設定防火牆，而沒有在上層構築的利潤來源，企業的競爭將很難持續。

產品金字塔模式可以成為很多想從惡性價格競爭中擺脫

第六章　創造財富的第四步：增加管道與系統

困境的創業者的一個經典模式。

但是，這個模式的運用必須有一個前提條件，就是在一個成熟系統的產品或者領域中運用，而且必須要與客戶的市場定位緊密連繫，並且高、中、低檔次商品的消費者之間都必須擁有一定的連繫因素。例如，購買中、上等泰迪熊的使用者一般同時會選擇購買一些低檔次產品，作為朋友之間餽贈的禮物。

關鍵是建構的金字塔不僅僅是不同價位產品的簡單羅列。一個真正的金字塔是一個系統，其中較低價位的產品的生產和銷售，將為你贏得市場和消費者的注意力。對於擁有完善產品線的企業來說，你的競爭對手根本不必指望可以依靠比你更低的價格搶走你的市場占有率。

8. 策略領先模式

模式要點：起步領先不代表永遠領先，不能確保你永遠營利。因為馬上就會有後來者參與激烈的競爭。所以適時改變你的競爭策略，由一個靜態到一個動態的轉換，可以確保你從起步時一路領先到策略上的始終領跑，使你的利潤源源不斷。

俗話說：創業不易守業更難。在商場中打滾過的生意人對這點都深有體會。

1997 年，守亮憑著自己的專利技術產品「多功能服裝墊肩機」，開始了自己的創業。一年後，憑藉產品的推廣，他在市場站住了腳。隨後又開發了「紙桿鉛筆機」等幾項專利產品。這些產品實用性強，市場前景廣闊，產品一上市後，理所當然成為後來者覬覦的目標。一時間，不斷有企業紛紛瞄準其產品和市場，服裝墊肩機和紙桿鉛筆機的廣告鋪天蓋地而來。對於後來者來說，由於不需要投資任何初期開發費用，只要購買一臺樣本機回去測試一下，就可以大量生產，成本之低廉可想而知，市場一下被蠶食鯨吞。

面對市場的衝擊，守亮突然明白，他必須避開這種惡性競爭，迂迴出擊，迅速轉入新產品的研製開發，用更快的速度甩開侵襲者，贏得更大空間的新市場。

2000 年，守亮研製開發的空調專用清洗劑問世並投入生產。這是一種精細化工產品，它由特種去汙劑、特種緩蝕劑、特種發泡劑、整合劑、抗菌劑及多種原料組成，經過 5 道工序，透過專業設備生產復配而成，適合家庭、辦公室、公共場所等各種空調的清洗。這一專用產品在清洗空調時只需噴入空調室內機蒸發器和室外機散熱器內，不用高空作業，不用拆卸空調，短短 20 分鐘就可以洗淨汙垢、淨化空氣、恢復空調製冷製熱功能。

第六章　創造財富的第四步：增加管道與系統

　　新產品問世後，很快得到了消費者的認可。這一次，在經營策略上，守亮進行了一次大規模的調整，開始從單一的生產銷售轉為生產、銷售、培訓、清洗等「一條龍」服務。為了讓更多的消費者透過這一產品提高生活品質，也為了擁有更大更久的市場空間，守亮推出了自己的行銷策略：發展失業人員加盟，並且不收任何代理費和加盟費，免費培訓清洗技術、贈送操作手冊、提供市場推廣策劃等。一時間，「市場你來做，品質我來包」的理念深入人心，很快就發展了200多家代理商和加盟店。而當後來者也開始進入空調專用清洗劑的市場競爭時，守亮已經形成了穩定的銷售管道。他又開始思索下一個專案的研究了。

　　如果你跑到了最前面，大大拉開了與後來者的距離，你就會有知名度，會有追星族。如果你跑得比別人更快，你就能得到領先獎賞，賺得更多。所謂「早起的鳥兒有蟲吃」，說的就是這個道理。

　　有一個故事：一個小夥子有一天坐火車去另一個城市。當火車要繞過一座大山的時候，車速慢慢地減了下來。這時候他看見了一棟光亮亮的水泥平房，就把它記在了心裡。在辦完事回來的路上，他中途下了火車，走了一段山路，找到了那座位於高山上的房子。他向屋主提出想買下這棟房子。

房子主人很痛快地答應下來並以 20 萬元成交。小夥子回到家後，很快寫好了一個方案，複印了很多份，遞交給許多知名的大公司。3 天後，可口可樂公司迅速與他取得連繫，並專程派代表開車駛往房子所在地，經過一天周密的考察和分析，當場和他簽訂了一年 90 萬元的廣告合約。為什麼 20 萬元的投入可以換來 90 萬元的收入？原來房子有一整面牆正對著鐵路，每天都會有數十趟火車經過這裡，而因為是上坡，每當火車經過這裡時總要減速，這時就會引起許多好奇或無聊的眼光向窗外張望，而在這個前不著村後不著店的荒涼地方，唯一能長時間吸引他們目光的就是那幅可口可樂的巨型廣告。

不過這已經是很多年前的事情了，現在，你再坐火車經過這個地方時，就會發現山坡上的農舍已經被各式各樣的廣告遮滿了。這也證明了一點，只要有人做出了第一，就會有蜂擁而至的追隨者去爭搶剩下的空間。

這個故事告訴我們，對於創業者來說，開創第一雖然是件好事，但領先永遠只是暫時的。如果你在領先的時候不抓緊時間賺到錢，就有可能賺不到錢，或者即使賺到錢，也會比你應該賺到的少得多。

守亮的第一個專案夭折在利潤區外就是因為這個原因。

第六章　創造財富的第四步：增加管道與系統

所以在進行第二個專案的操作時，他就變得聰明。他知道自己必須要搶時間，因此一改傳統的生產銷售模式，並且用最短的時間找準市場定位，利用失業人員資金少、技能差、需要短時間見效益的心理，推廣產品。免費加盟、免費培訓，對於他的產品使用者來說是低門檻，使得產品推廣速度迅速增長，並且迅速搶占了市場。對於緊隨而來的跟風者意味著進入門檻的提高。雖然前期守亮收到的回報並不高，但是他的利潤卻是持續的，因為每個加盟者都在使用他提供的產品。

目前，創業者要做到策略領先已經越來越不容易了，這種時間戰的競爭對創業者的要求也越來越高。如果你準備運用這種模式，不妨從下面三個方面動動腦筋：

第一是主業領先。創業者在決定企業核心主業時，千萬不要貪慕虛榮，非選風華正茂的「絕代」佳人不可，不妨尋求暫時市場競爭和挑戰不大，但有發展前途的領域，搶在他人前面，摘個大蘋果。

第二是技術領先。有新鮮的技術，企業才會有生命力。守亮憑藉空調專用清洗劑，繞開一直困擾他的惡性市場競爭的同時，還搶占了一個新領域的利潤。

第三是人才領先。同樣是做服裝產業，別人請國內知名

適合你的營利模式（下）

設計師，我請國際知名設計師，哪一個更勝一籌呢？

每個產業裡面，營利模式又有細分，同樣是購物廣場，有租金式、扣點式、與房地產商合作開發提點式。但未來企業不管營利模式如何變化，在兩方面必須具備持續的競爭優勢：一是向上游掌握產業價值資源，二是向下游掌握顧客資源。

第六章 創造財富的第四步:增加管道與系統

後記

　　為什麼今天我們要用系統創造財富思維來幫我們自己？是因為今天我們進入了一個前所未有的時代。

　　未來的社會不可預知，社會經濟瞬息萬變，我們能夠做的就是「君子藏器於身，待機而動」，我們能夠做的就是不斷提升我們的學習力，提升我們的思維模式。

　　經濟變化的每一個階段都是一次更新的過程，每一次更新都有一些人被淘汰，要麼你晉級，要麼被淘汰，沒有別的選擇。你不主動更新，就是被動被淘汰，所以我們要保持不斷地學習。

　　今天，我們的火車加速了，飛機加速了，網際網路升速了，手機升級了，如果我們人不成長，怎麼能跟上不斷變化的時代？所以從今天開始，讓我們的夢想再一次強烈起來；從今天開始，讓我們把自己的目標放大，讓它更清晰；從今天開始，讓我們增大我們的行動量，並且持續地向前進。

　　未來將不斷誕生新生代企業家，這些企業家能利用系統和金融兩個動力，創造巨大的財富。系統創造財富的思維應該深入每個創業者的頭腦，有了這種思維，就能隨處發現商

後記

業機會，並把這種商業機會發展成一個系統，然後利用這個系統，利用系統中的團隊，創造巨大的財富。

本書的寫作過程中，借鑑了前人的一些研究成果，在此表示衷心的感謝。由於本人知識水準有限，本書定有不妥之處，敬請各位讀者指正。

國家圖書館出版品預行編目資料

財富創造密碼,解鎖創業成功的關鍵:深入剖析創業心法,學會如何掛上並經營自己的「招牌」/ 蘇鋒利 著 . -- 第一版 . -- 臺北市:財經錢線文化事業有限公司, 2024.09
面; 公分
POD 版
ISBN 978-957-680-973-6(平裝)
1.CST: 創業 2.CST: 財富
494.1 113012254

電子書購買

爽讀 APP

財富創造密碼,解鎖創業成功的關鍵:深入剖析創業心法,學會如何掛上並經營自己的「招牌」

臉書

| 作　　者：蘇鋒利
| 發 行 人：黃振庭
| 出 版 者：財經錢線文化事業有限公司
| 發 行 者：財經錢線文化事業有限公司
| E - m a i l：sonbookservice@gmail.com
| 粉 絲 頁：https://www.facebook.com/sonbookss
| 網　　址：https://sonbook.net/
| 地　　址：台北市中正區重慶南路一段 61 號 8 樓
| 8F., No.61, Sec. 1, Chongqing S. Rd., Zhongzheng Dist., Taipei City 100, Taiwan
| 電　　話：(02) 2370-3310　　傳　　真：(02) 2388-1990
| 印　　刷：京峯數位服務有限公司
| 律師顧問：廣華律師事務所 張珮琦律師

-版權聲明-

本書版權為文海容舟文化藝術有限公司所有授權財經錢線文化事業有限公司獨家發行電子書及繁體書繁體字版。若有其他相關權利及授權需求請與本公司聯繫。
未經書面許可,不可複製、發行。

定　　價：320 元
發行日期：2024 年 09 月第一版
◎本書以 POD 印製
Design Assets from Freepik.com